工业和信息化
人才培养规划教材

Industry And Information
Technology Training
Planning Materials

U0262316

高职高专计算机系列

软件测试
实例教程

Software Testing

徐丽 ◎ 主编

朱云霞 柴君 李光磊 ◎ 副主编

姜大源 ◎ 主审

人 民 邮 电 出 版 社

北 京

图书在版编目（CIP）数据

软件测试实例教程 / 徐丽主编. -- 北京：人民邮电出版社，2014.8（2023.1重印）
工业和信息化人才培养规划教材. 高职高专计算机系列
ISBN 978-7-115-35300-9

Ⅰ. ①软… Ⅱ. ①徐… Ⅲ. ①软件—测试—高等职业教育—教材 Ⅳ. ①TP311.5

中国版本图书馆CIP数据核字(2014)第081069号

内 容 提 要

本书分为软件测试基本知识、测试计划、测试用例设计、测试执行、测试总结分析、软件测试自动化这 6 章。本教材主要围绕着软件测试的基本知识和基本技能，通过一个完整的软件测试项目全面展示软件测试的全部过程，以软件测试过程为导向构建内容结构。

本书适用于高职高专院校、成人高校的学生学习使用，也适应于其他专业培训机构的学生及从事软件测试相关行业的人员进行培训和学习使用。

◆ 主　编　徐　丽
　　副主编　朱云霞　柴　君　李光磊
　　主　审　姜大源
　　责任编辑　王　威
　　责任印制　杨林杰
◆ 人民邮电出版社出版发行　　北京市丰台区成寿寺路 11 号
　　邮编　100164　电子邮件　315@ptpress.com.cn
　　网址　http://www.ptpress.com.cn
　　北京天宇星印刷厂印刷
◆ 开本：787×1092　1/16
　　印张：12.75　　　　　　　　2014 年 8 月第 1 版
　　字数：326 千字　　　　　　　2023 年 1 月北京第 12 次印刷

定价：29.80 元
读者服务热线：(010)81055256　印装质量热线：(010)81055316
反盗版热线：(010)81055315

前　言

随着软件产业的发展，软件产品的质量控制与质量管理越来越受到重视，并逐渐成为软件企业生存与发展的核心。在许多 IT 企业中，软件测试的作用并非只是"挑错"，其重要性不亚于软件开发。几乎每个大中型 IT 企业的软件产品在发布前都需要大量的质量控制、测试和文档工作。

有关数据显示，我国目前软件从业人才缺口高达 40 万人。即使按照软件开发工程师与测试工程师 1:1 的岗位比例计算，我国对于软件测试工程师的需求也有数十万之众。业内专家预计，在未来 5~10 年，我国对软件测试人才的需求量还将继续增大。

目前，我国很多高等院校的计算机相关专业，都将"软件测试"设置为一门重要的专业必修课程。本课程是为培养软件测试员所设置的具有实战性质的专业核心课，其主要任务是综合运用软件测试的知识和技能来测试一个完整的应用软件系统，目的是使学生通过测试应用软件项目，了解完整的软件测试流程，学会根据软件测试文档实施、执行软件测试，提高软件测试能力，培养团队协作精神，逐步积累软件测试经验，为学生从事软件测试工作打下坚实的基础，实现与软件测试员岗位的无缝连接。为此我们筹划编写了这本《软件测试实例教程》。

本书相对应的《基于 B/S、C/S 结构的软件测试》课程是天津市级精品课，精品课网站网址为 http://jpk.tjdz.net/jingpinke1/rjcs/。现有课程资源非常丰富，包括课程教学大纲、授课计划、PPT 课件、Word 讲稿、模拟试卷、习题库等。读者也可登录人民邮电出版社教学服务与资源网（www.ptpedss.com.cn）下载使用。

本书的作者既有工作于教学与科研一线、具有丰富教学实践经验的骨干教师，又有在企业里从事软件测试工作十余年的工程师。全书由徐丽担任主编，朱云霞、柴君、李光磊任副主编，孙涛（天津软件测评中心）、王旋参与了本书的部分工作，姜大源教授主审全书，并提出了很多宝贵的修改意见，我们在此表示诚挚的感谢！

由于编者水平有限，书中难免存在错误和不妥之处，敬请广大读者批评指正。编者联系方式为 rjcssljc@163.com。

编者
2014 年 5 月

目 录 CONTENTS

PART 1
第 1 章
软件测试基本知识

教学提示：软件测试基本知识是我们学习软件测试的第一步也是最重要的一步。在本章，读者将学习软件测试背景、软件开发过程、软件测试基本理论、软件质量与质量模型等相关知识，并使用这些知识来指导今后软件测试工作的具体展开。

教学目标：通过本章的学习，读者将掌握软件测试的基本概念和基本技术，对软件测试建立起概要性、框架性的认识，为后面的学习打好基础。

1.1 软件测试背景

自 1946 年 2 月，世界上第一台计算机 ENIAC 在美国宾夕法尼亚大学诞生以来，计算机以前所未有的速度在发展，计算机软件也不断渗透到社会生活的方方面面，成为人们日常生活中必不可少的部分。然而，软件的质量长期以来得不到重视，早期的软件产品被视作是程序员的艺术品，设计开发软件没有统一的规范和标准，软件测试更是无从谈起。近些年来，软件测试越来越受到软件界有识之士的重视，尽管现在采取了一系列有效措施，不断地提高了软件的质量，但仍然无法完全避免软件产品中的各种缺陷，这些软件缺陷给我们的生产和生活造成了大量的损失，这些惨痛的教训时刻警醒着世人要更加重视软件测试，不断提高软件的质量。

1.1.1 软件故障案例分析

在历史上，有一些经典的软件错误导致了严重后果的案例，而正是这些，催生了软件测试这个行业的产生和发展，让我们一起来回顾。

1．美国迪士尼的狮子王游戏

1994 年秋天，美国迪士尼公司发布了它的第一款多媒体游戏——狮子王动画故事书。虽然在这个市场上，其他公司已涉足多年，可是狮子王动画却是迪士尼公司进入这个市场的第一次尝试。为了赢得市场，迪士尼不惜重金为这款产品做推广活动。这些活动无疑是成功的，这款游戏成了那个假期孩子们必买的游戏。然而，接下来发生了什么？

12 月 26 号，圣诞节的第二天，迪士尼的客户支持电话开始响个不停。很快，电话支持人员就被淹没在了家长们的抱怨声中，因为他们的孩子因无法运行游戏而开始哭闹不停。大量的报道接着出现在了报纸和电视新闻上。

事后的调查发现，迪士尼没有在市场上常见的众多 PC 上去测试这款游戏。游戏只能在类似开发人员开发软件的系统上运行，而不是大多数普通人所使用的系统。现在我们很明确地知道了，迪士尼公司没有做配置测试。

2. AT&T 电话网络故障

1990 年 1 月 15 日的下午，AT&T 的全球电话网络的管理人员发现显示网络状态的视频监视器上不断出现红色报警信号。报警信号说明网络不能完成呼叫，接下来的 9 小时内，有近 6 500 万个电话没有接通，造成大约 6 000 万美元的损失。尽管系统的管理人员设法在 9 小时内解决了问题，但是要查明原因恐怕需要好几天。

大约在系统瘫痪前 1 个月，软件进行了升级，以允许某种类型的消息更快地通过系统。在升级软件的一小段代码中发现了一个错误，该错误在严格的测试和 1 个月的试用中没有被发现，因为那几行代码只在网络特别忙而发生了特定的事件序列时才会被调用。各单个交换站工作都正常，但交换站之间的消息传递的快速步调会引起系统反复重启。当运行升级软件的交换站数减少到 80 台左右时，网络似乎又恢复正常。这时，其余的交换站仍然运行旧版软件，可以处理尽可能多的呼叫。

这种类型的"网络隐错"确实很难发现和想到，要在一个测试用的系统上精确模拟和预料真实世界中的网络通信是十分困难的。事实上，AT&T 确实也在它的测试网络上测试了该软件，但没能发现该问题。

与首次瘫痪相隔 6 个月，又遇到了另一个控制交换站的软件失效。在 1991 年 6 月到 7 月间的 3 个星期内，8 次电话不通事故影响了大约 2 000 万电话客户。不明的原因难以捉摸，而且，本地电话公司之间似乎也不愿意彼此透露如何修复问题的有关信息。最终，由 BellCore 贝尔通信研究公司经过 6 个月的调查，认定引起这一问题的原因仍然是这个交换机软件。是制造交换机的软硬件公司 DSC 通信公司对软件的一次修改不当造成的。1991 年 4 月，DSC 通信公司发布了交换机的新版本。但很快，华盛顿、宾夕法尼亚和北卡罗来纳州的用户碰到了这一问题。每次瘫痪首先由一个交换机的一个小问题引起，该问题与信号传输点（Signal Transfer Point，STP）有关，这一问题会触发大量的错误消息，结果导致 STP 被关闭，进而导致邻近系统的瘫痪。

BellCore 通信研究公司发现问题出在新版软件中的一个三位错：一个应是二进制数 1101 的数被误为二进制数 0110。在交换算法中，这三位错导致交换机允许错误消息饱和。通过网络，一个系统出错导致其他系统崩溃。正常情况下，饱和的交换机只简单地通告其他系统出现了拥塞情况。DSC 通信公司很快发布了该软件的补丁，专门处理这一问题。在对源程序做了广泛的测试之后发现，一个程序员对源程序中的 3 行代码做了修改，其中一行包含低级的打字错误，但软件发布前，该段代码没有经过测试。

3. 美国航天局火星登陆

1999 年 12 月 3 日，美国航天局的火星基地登陆飞船在试图登陆火星表面时失踪。错误修正委员会观测到故障，并认定出现失误动作的原因极有可能是某一个数据被意外更改。而这些问题在内部测试时就应解决。

后来，美国航天局公布了两份关于火星着陆器事故的独立调查报告。其中一份报告认为着陆发动机提前关机是导致火星着陆器丢失的最可能的原因。火星着陆器支腿上的传感器向火星着陆器上的计算机发送了错误信号，从而导致在着陆时火星着陆器的制动发动机提前关机，提前关机使得火星着陆器以 85km/h 的速度撞击火星表面，而这一速度足以毁坏火星着陆器。另一份评估整个火星探测计划的调查报告指出，负责 NASA 火星探测项目的喷气推进实验室管理不善，试验和监督不够，是事故的根本原因，另外火星探测项目缺少大约 30% 的资金投入，除了资金，人员不足及 NASA 和空气推进实验室之间缺乏交流也是该项目失败的部分原因。

4. 银联系统故障

2006 年 4 月 20 日 10 时 56 分至 17 时 30 分，我国银联系统突发故障。北京、上海、杭州等大城市纷纷出现无法跨行取款、POS 机无法消费等情况，导致全国数百万笔跨行交易无法完成。中国银联称，网络瘫痪是由于银联主机和通信网络出现故障所致。类似事故还有，如 2007 年 1 月，农业银行核心业务系统故障；2007 年 3 月，交通银行信用卡系统的故障；2007 年 6 月，中国建设银行总行转账系统故障。

5. "冲击波"计算机病毒

"冲击波"计算机病毒首先在美国发作，使美国的政府机关、企业及个人用户的成千上万的计算机受到攻击。随后，冲击波蠕虫很快在 Internet 上广泛传播。中国、日本和欧洲等国家也相继受到不断攻击，结果使十几万台邮件服务器瘫痪，给整个世界范围内的 Internet 通信带来惨重损失。

制造冲击波蠕虫的黑客仅仅用了 3 周时间就制造了这个恶毒的程序。"冲击波"计算机病毒仅仅是利用微软 Messenger Service 中的一个缺陷，攻破计算机安全屏障，使基于 Windows 操作系统的计算机崩溃。该缺陷几乎影响当前所有微软 Windows 系统，它甚至使安全专家产生更大的忧虑：独立的黑客们将很快找到利用该缺陷控制大部分计算机的方法。随后，微软公司不得不紧急发布补丁包，修正这个缺陷。

还有很多关于软件故障的案例，每次读到这些内容，都能体会到软件测试的重要性。只有真正重视软件测试，把软件测试工作认真做好，才能不断地提高软件产品的质量，从而避免这些问题的产生。这也是软件测试产生的大背景。

1.1.2 软件缺陷定义

软件缺陷，即计算机软件或程序中存在的某种破坏正常运行能力的问题、错误，或者隐藏的功能缺陷。缺陷的存在会导致软件产品在某种程度上不能满足用户的需要。IEEE729-1983 对缺陷有一个标准的定义：从产品内部看，缺陷是软件产品开发或维护过程中存在的错误、毛病等各种问题；从产品外部看，缺陷是系统所需要实现的某种功能的失效或违背。

对于软件缺陷的定义，通常有如下 5 项规则描述，如符合任意一项，便称为"软件缺陷"。

（1）软件未达到产品说明书中已标明的功能。

（2）软件出现了产品说明书中指明不会出现的错误。

（3）软件未达到产品说明书中虽未指出但应达到的目标。

（4）软件功能超出了产品说明书中指明的范围。

（5）软件测试人员认为软件难以理解，不易使用、运行速度缓慢，或者最终用户认为该软件使用效果不佳。

1.2 软件开发过程

1.2.1 软件产品的组成

软件产品的构成包括不仅仅是那些可以看得到的软件产品，还包括许多隐含的内容。尽管这些内容容易被遗忘，但是软件测试员要铭记在心，因为这些全部是有可能包含软件缺陷的被测对象。

1. 软件产品需要各种开发投入

包括产品说明书、产品审查、设计文档、进度、来自上一版本的反馈、竞争对手情况、测试计划、客户调查、易用性数据、观察和感受说明书、软件、软件代码、大量看不到的努力。

2．客户需求

编写软件的目的是为了满足客户的需求。客户需求很重要，研发小组可以通过问卷调查、收集软件以前版本反馈信息、收集竞争产品信息、收集期刊评论、收集焦点人群的意见以及其他诸多方式进行信息的收集，并且对这些信息进行研究、提炼、分析以便确定软件产品应该具备哪些功能。

3．产品说明书

客户需求并没有描述要做的产品，只是确定是否需要做以及客户要求做的功能。产品说明书综合上述信息辅以没有提出但必须要实现的需求，真正地定义产品是什么、有哪些功能、外观如何。

4．进度表

进度表是软件产品一个关键部分，随着项目不断庞大和复杂，制造产品需要投入很多人力和物力，所以必须要有某种机制来跟踪进度，目的是为了了解哪项工作已完成，还有多少工作要做，何时全部完成。

5．软件设计文档

软件要有一个设计过程，一般包括的软件设计文档清单如下。

① 结构文档，描述软件整体设计的文档，包括软件所有主要部分的描述以及相互之间的交互方式。

② 数据流图，表示数据在程序中如何流动的正规示意图，有时被称为泡泡图。

③ 状态转换图，把软件分解为基本状态或者条件的另一种正规示意图，表示不同状态间的转换方式。

④ 流程图，用图形描述程序逻辑的传统方式，详细的流程图对于编写程序代码非常简单。

⑤ 代码注释，便于维护程序代码的程序员轻松掌握代码的内容和执行方式。

6.测试文档

测试文档是测试员小组必须提供的内容，测试文档清单如下。

① 测试计划，用于描述验证软件是否符合产品说明书和客户需求的整体方案。包括质量目标、资源需要、进度表、任务分配、方法等。

② 测试用例，列举测试的项目，描述验证软件的详细步骤。

③ 缺陷报告，描述执行测试用例找出的问题。描述要详细，写明操作步骤、操作背景等。

④ 测试工具和自动测试。

⑤ 度量统计和总结，包括测试过程的汇总，通常采用图形、表格和报告等形式。

1.2.2　软件项目组成员

软件项目的开发需要大量人员的团结协作，下面的清单列出了主要人员及其职责。

① 项目管理员、程序管理员或者监制人：始终驱动整个项目，负责编写产品说明书、管理进度，进行重大决策和取舍。

② 设计师或者系统工程师：是软件小组的技术专家，设计整个系统架构或软件构思。

③ 程序员、开发人员或者代码制作者：设计、编写并修复软件中的缺陷。

④ 测试员或者质量评判员：负责找出并报告软件产品的问题。

⑤ 技术作者、用户手册、用户培训专员、手册编写人员或者文案专员：编制软件产品附

带的文件和联机文档。

⑥ 软件管理员或者制作人员：负责把程序员编写的全部文档资料合成一个软件包。

1.2.3 软件开发模式

从最初构思到公开发行软件产品的过程称为软件开发模式。

1．快速原型模型

快速原型模型允许在需求分析阶段，对软件的需求进行初步的非完全的分析和定义。快速设计开发出软件系统的原型，展示待开发软件的全部或部分功能和性能，以便用户对该原型进行测试评定，给出具体改善的意见和细化软件需求。开发人员按照用户的需求对程序进行修改和完善。快速原型模型的优点是克服了瀑布模型的缺点，减少由于软件需求不明确带来的开发风险；其缺点是所选用的开发技术和工具不一定符合主流的发展，快速建立起来的系统加上连续的修改，可能会造成产品质量低下。

2．增量模型

采用随着日程时间的进展而交错的线性序列，每一个线性序列产生软件的一个可发布的"增量"。第一个增量往往就是核心的产品。增量模式与原型实现模型和其他演化方法一样，本质都是迭代。它与原型实现模型不同之处在于强调每一个增量均发布一个可操作产品，它不需要等到所有需求都出来，只要某个需求的增量包出来即可进行开发。增量模型的优点是人员分配灵活，开始不需要投入大量人力资源。当配备人员不能在限定的时间内完成产品时，它可以提供一种先推出核心产品的途径，先发布部分功能给用户。增量能够有计划地管理技术风险。它的缺点是如果增量包之间存在相交的情况且未很好处理，则必须做全盘系统分析。这种模型将功能细化后分别开发的方法较适应于需求经常改变的软件开发过程。

3．原型模型

原型模型也称样品模型，它采用逐步求精的方法完善原型。其主要思想是先借用已有系统作为原型模型，通过"样品"不断改进，使得最后的产品就是用户所需要的。原型模型通过向用户提供原型获取用户的反馈，使开发出的软件能够真正反映用户的需求。原型模型采用逐步求精的方法完善原型，使得原型能够"快速"开发，避免了像瀑布模型一样在冗长的开发过程中难以对用户的反馈做出快速的响应的情况。

（1）原型模型的优点。

① 开发人员和用户在"原型"上达成一致。这样一来，可以减少设计中的错误和开发中的风险，也减少了对用户培训的时间，从而提高了系统的实用、正确性以及用户的满意程度。

② 缩短了开发周期，加快了工程进度。

③ 降低成本。

（2）原型模型的缺点。

① 当重新生产该产品时，难以让用户接收，给工程继续开展带来不利因素。

② 不宜利用原型系统作为最终产品。采用原型模型开发系统，用户和开发者必须达成一致。

4．喷泉模型

喷泉模型是以用户需求为动力，以对象为驱动的模型，主要用于面向对象技术的软件开发项目。该模型认为，软件开发过程自下而上周期的各阶段是相互迭代和无间隙的。软件的某个部分常常被重复工作多次，相关对象在每次迭代中随之加入渐进的软件成分。无间隙指在各项活动之间无明显边界，如分析和设计活动之间没有明显的界限，由于对象概念的引入，表达分析、设计、实现等活动只用对象类和关系，从而可以较为容易地实现活动的迭代和无间隙，使其开发过程自然地包括复用。

（1）喷泉模型的优点。

可以提高软件项目开发效率，节省开发时间，适应于面向对象的软件开发过程。

（2）喷泉模型的缺点。

① 由于喷泉模型在各个开发阶段是重叠的，因此在开发过程中需要大量的开发人员，不利于项目的管理。

② 这种模型要求严格管理文档，使得审核的难度加大，面对可能随时加入各种信息、需求与资料的情况尤其明显。

5．螺旋模型

螺旋模型适合用于需求经常变化的项目，适合于大型复杂的系统。它主要是风险分析与评估，沿着螺线进行若干次迭代，其过程如下。

① 制订计划：确定软件目标，选定实施方案，弄清项目开发的限制条件。

② 风险分析：分析评估所选方案，考虑如何识别和消除风险。

③ 实施工程：实施软件开发和验证。

④ 客户评估：评价开发工作，提出修正建议，制订下一步计划。

（1）螺旋模型的优点。

它由风险驱动，强调可选方案和约束条件从而支持软件的重用，有助于将软件质量作为特殊目标融入产品开发中。

（2）螺旋模型的缺点。

① 难以让用户确信这种演化方法的结果是可以控制的。

② 建设周期长。软件技术发展比较快，所以经常会出现软件开发完毕后，和当前的技术水平有很大的差距，无法满足当前用户的需求的情况。

③ 除非软件开发人员擅长寻找可能的风险，准确地分析风险，否则将会带来更大的风险。

6．瀑布模型

从本质来讲，瀑布模型是一个软件开发架构重复应用的模型，其核心思想是按工序将问题化简，将功能的实现与设计分开，便于分工协作，即采用结构化的分析与设计方法将逻辑实现与物理实现分开。将软件生命周期划分为制订计划、需求分析、软件设计、程序编写、软件测试和运行维护6个基本活动，并且规定了它们自上而下、相互衔接的固定次序，如同瀑布流水，逐级下落。

（1）瀑布模型的优点。

① 为项目提供了按阶段分的检查点。

② 当完成一个阶段后，只需要去关注后续阶段。

③ 可在迭代模型中应用瀑布模型。

（2）瀑布模型的缺点。

① 在项目各个阶段之间极少有反馈，各个阶段的划分完全固定，阶段之间产生大量的文档，增加了工作量。

② 用户只有在项目生命周期的后期才能看到结果，增加了开发的风险。

③ 需要过多地强制完成日期和里程碑来跟踪各个项目的阶段。

④ 在每个阶段都会产生循环反馈。如果有信息未被覆盖或是发现问题，必须返回到上一个阶段甚至更前面的活动并进行适当的修改，只有当上一阶段都被确认后才进行下一阶段。

⑤ 早期的错误可能要等到开发后期的测试阶段才能发现，进而会带来严重的后果。

按照瀑布模型的阶段划分，软件测试可以分为单元测试、集成测试、系统测试。由于每个阶段都会产生循环反馈，对于经常变化的项目而言，瀑布模型毫无价值，这种模型的线性过程太理想化，已不适合现代的软件开发模式。

1.3 软件测试基本理论

1.3.1 软件测试的基本概念

1. 软件测试的定义

软件测试就是使用人工或者自动化工具按照测试方案和流程对产品进行测试的过程。有时需要编写不同的测试工具，设计和维护测试系统，对测试方案可能出现的问题进行分析和评估。执行测试用例后，需要跟踪故障，以确保开发的产品适合用户的需求。

软件测试是帮助识别开发完成（中间或最终的版本）的计算机软件（整体或部分）的正确度、完全度和质量的软件过程，是 SQA（Software Quality Assurance）的重要子域。

2. 测试原则

（1）软件开发人员即程序员应当避免测试自己的程序。

不管是程序员还是开发小组都应当避免测试自己的程序或者本组开发的功能模块。若条件允许，应当由独立于开发组和客户的第三方测试组或测试机构来进行软件测试。但这并不是说程序员不能测试自己的程序，而是不鼓励程序员进行调试。因为测试由别人来进行会更为有效、客观，并且容易成功，而程序员自己调试也会更为有效。

（2）应尽早地和不断地进行软件测试。

应当把软件测试贯穿到整个软件开发的过程中，而不应该把软件测试看作是其过程中的一个独立阶段。因为在软件开发的每一环节都有可能产生意想不到的问题，其影响因素有很多。由于软件本身的抽象性和复杂性，软件开发各个阶段工作的多样性，以及各层次工作人员的配合关系等，所以要坚持软件开发各阶段的技术评审，把错误纠正在早期，从而减少修复成本，提高软件质量。

（3）对测试用例要有正确的态度。

测试用例应当由测试输入数据和预期输出结果这两部分组成。在设计测试用例时，不仅要考虑合理的输入条件，更要注意不合理的输入条件。因为软件投入实际运行中，往往不遵守正常的使用方法，当有一些甚至大量的意外输入导致软件不能做出适当的反应，就很容易产生一系列的问题，轻则输出错误的结果，重则使程序瘫痪崩溃。因此，常用一些不合理的输入条件来发现更多的鲜为人知的软件缺陷。

（4）人以群分，物以类聚，软件测试也不例外，一定要充分注意软件测试中的群集现象，也可以认为是"80-20原则"。不要以为发现几个错误并且解决这些问题之后，就不需要测试了。反而，这里是错误群集的地方，对这段程序要重点测试，以提高测试投资的效益。

（5）严格执行测试计划，排除测试的随意性，以避免发生疏漏或者进行重复无效的工作。

（6）应当对每一个测试结果进行全面检查。一定要全面地、仔细地检查测试结果，但这点常常被人们忽略，导致许多错误被遗漏。

（7）妥善保存测试计划、测试用例、测试报告和最终分析报告，以备回归测试及维护之用。

在遵守以上原则的基础上进行软件测试，就能以最少的时间和人力找出软件中的各种缺陷，从而达到保证软件质量的目的。

3．测试目标

软件测试的目的决定了如何去组织测试。如果测试的目的是为了尽可能多地找出错误，那么测试就应该直接针对软件比较复杂的部分或是以前出错比较多的位置进行。如果测试目的是为了给最终用户提供具有一定可信度的质量评价，那么测试就应该直接针对在实际应用中会经常用到的商业假设。

不同的机构会有不同的测试目的；相同的机构也可能有不同测试目的，可能是测试不同区域或是对同一区域的不同层次的测试。

在谈到软件测试时，许多人都引用 Glenford J. Myers 在《The Art of Software Testing》一书中的观点：

（1）软件测试是为了发现错误而执行程序的过程；

（2）测试是为了证明程序有错，而不是证明程序无错误；

（3）一个好的测试用例是在于它能发现至今未发现的错误；

（4）一个成功的测试是发现了至今未发现的错误的测试。

1.3.2 软件测试的基本技术

1．软件测试的基本方法

软件测试的方法和技术是多种多样的。

对于软件测试技术，可以从不同的角度加以分类：

从是否需要执行被测软件的角度，可分为静态测试和动态测试；

从测试是否针对系统的内部结构和具体实现算法的角度来看，可分为白盒测试和黑盒测试。

（1）黑盒测试。

黑盒测试也称功能测试或数据驱动测试，它是在已知产品所应具有的功能的前提下，通过测试来检测每个功能是否都能正常使用。在测试时，把程序看作一个不能打开的黑盒子，在完全不考虑程序内部结构和内部特性的情况下，测试者在程序接口进行测试，它只检查程序功能是否按照需求规格说明书的规定正常使用，程序是否能适当地接收输入数据而产生正确的输出信息，并且保持外部信息（如数据库或文件）的完整性。黑盒测试方法主要有等价类划分法、边界值分析法、因果图法、错误推测法等，主要用于软件确认测试。

"黑盒"法着眼于程序外部结构，不考虑内部逻辑结构，针对软件界面和软件功能进行测试。"黑盒"法是穷举输入测试，只有把所有可能的输入都作为测试情况使用，才能以这种方法查出程序中所有的错误。实际上测试情况有无穷多个，人们不仅要测试所有合法的输入，而且还要对那些不合法但是可能的输入进行测试。

（2）白盒测试。

白盒测试也称结构测试或逻辑驱动测试，它是在知道产品内部工作过程的前提下，可通过测试来检测产品内部动作是否按照规格说明书的规定正常进行，按照程序内部的结构测试程序，检验程序中的每条通路是否都能按预定要求正确工作，而不顾它的功能，白盒测试的主要方法有逻辑覆盖法、基本路径法等，主要用于软件验证。

"白盒"法全面了解程序内部逻辑结构、对所有逻辑路径进行测试。"白盒"法是穷举路径测试。在使用这一方案时，测试者必须检查程序的内部结构，从检查程序的逻辑着手，得出测试数据。贯穿程序的独立路径数是天文数字。但即使每条路径都测试了仍然可能有错误。第一，穷举路径测试绝不能查出程序违反了设计规范，即程序本身就是个错误的程序；第二，穷举路径测试不可能查出程序中因遗漏路径而出的错；第三，穷举路径测试可能发现不了一些与数据相关的错误。

（3）ALAC（Act-like-a-customer）测试。

ALAC 测试是一种基于客户使用产品的知识开发出来的测试方法。ALAC 测试基于复杂的软件产品有许多错误的原则。最大的受益者是用户，缺陷的查找和改正将针对客户最容易遇到的错误。

2．软件测试的复杂性与经济性

人们常常以为，开发一个程序是困难的，测试一个程序则比较容易。这其实是种误解。设计测试用例是一项细致并需要高度技巧的工作，稍有不慎就会顾此失彼，发生不应有的疏漏。

不论是黑盒测试方法还是白盒测试方法，由于测试情况数量巨大，都不可能进行彻底测试。所谓彻底测试，就是让被测程序在一切可能的输入情况下全部执行一遍，即"穷举测试"。"黑盒"法是穷举输入测试，只有把所有可能的输入都作为测试情况使用，才能以这种方法查出程序中所有的错误。实际上测试情况有无穷多个，人们不仅要测试所有合法的输入，而且还要对那些不合法但是可能的输入进行测试。"白盒"法是穷举路径测试，贯穿程序的独立路径数是天文数字，但即使每条路径都测试了仍然可能有错误。E．W．Dijkstra 的一句名言对测试的不彻底性做了很好的注解："程序测试只能证明错误的存在，但不能证明错误不存在"。

在实际测试中，穷举测试工作量太大，实践上行不通，这就注定了一切实际测试都是不彻底的。当然就不能够保证被测试程序中不存在遗留的错误。软件工程的总目标是充分利用有限的人力和物力资源，高效率、高质量地完成测试。为了降低测试成本，选择测试用例时应注意遵守"经济性"的原则。第一，要根据程序的重要性和一旦发生故障将造成的损失来确定它的测试等级；第二，要认真研究测试策略，以便能使用尽可能少的测试用例，发现尽可能多的程序错误。掌握好测试量是至关重要的，一位有经验的软件开发管理人员在谈到软件测试时曾这样说过："不充分的测试是愚蠢的，而过度的测试是一种罪孽"。测试不足意味着让用户承担隐藏错误带来的危险，过度测试则会浪费许多宝贵的资源。

测试是软件生存期中费用消耗最大的环节。测试费用除了测试的直接消耗外，还包括其他的相关费用。能够决定需要做多少次测试的主要影响因素如下。

（1）系统的目的。

系统目的的差别在很大程度上影响所需要进行的测试的数量。那些可能产生严重后果的系统必须要进行更多的测试。一台在 Boeing 757 上的系统应该比一个用于公共图书馆中检索资料的系统需要更多的测试。一个用来控制密封燃气管道的系统应该比一个与有毒爆炸物品无关的系统有更高的可信度。一个安全关键软件的开发组比一个游戏软件开发组要有苛刻得多的查找错误方面的要求。

（2）潜在的用户数量。

一个系统的潜在用户数量也在很大程度上影响了测试必要性的程度。这主要是由于用户团体在经济方面的影响。一个在全世界范围内有几千个用户的系统肯定比一个只在办公室中运行的有两三个用户的系统需要更多的测试。如果不能使用的话，前一个系统的经济影响肯定比后一个系统大。除此之外，在分配处理错误的时候，所花代价的差别也很大。如果在内部系统中发现了一个严重的错误，在处理错误时的费用就相对少一些，如果要处理一个遍布全世界的错误就需要花费相当大的财力和精力。

（3）信息的价值。

在考虑测试的必要性时，还需要将系统中所包含的信息的价值考虑在内，如一个支持许多家大银行或众多证券交易所的客户机/服务器系统中含有经济价值非常高的内容。很显然这一系统需要比一个支持鞋店的系统要进行更多的测试。这两个系统的用户都希望得到高质量、无错误的系统，但是前一种系统的影响比后一种要大得多。因此我们应该从经济方面考虑，投入与经济价值相对应的时间和金钱去进行测试。

（4）开发机构。

一个没有标准和缺少经验的开发机构很可能开发出充满错误的系统。在一个建立了标准和有很多经验的开发机构中开发出来的系统中的错误就不会很多。因此，对于不同的开发机构来说，所需要的测试的必要性也就截然不同。

然而，那些需要进行大幅度改善的机构反而不大可能认识到自身的弱点。那些需要更加严格的测试过程的机构往往是最不可能进行这一活动的，在许多情况下，机构的管理部门并不能真正地理解开发一个高质量系统的好处。

（5）测试的时机。

测试量会随时间的推移发生改变。在一个竞争很激烈的市场里，争取时间可能是制胜的关键。开始可能不会在测试上花多少时间，但若干年后如果市场分配格局已经建立起来了，那么产品的质量就变得更重要了，测试量就要加大。故测试量应该针对合适的目标进行调整。

3. 测试的过程及组织

当设计工作完成以后，就应该着手测试的准备工作了。一般来讲，由一位对整个系统设计熟悉的设计人员编写测试大纲，明确测试的内容和测试通过的准则，设计完整合理的测试用例，以便系统实现后进行全面测试。

在实现组将所开发的程序经验证后，提交测试组，由测试负责人组织测试，测试一般可按下列方式组织。

（1）首先，测试人员要仔细阅读有关资料，包括规格说明、设计文档、使用说明书及在设计过程中形成的测试大纲、测试内容及测试的通过准则，全面熟悉系统，编写测试计划，设计测试用例，做好测试前的准备工作。

（2）为了保证测试的质量，将测试过程分成几个阶段，即代码审查、单元测试、集成测试、确认测试和系统测试。

① 代码会审。

代码会审是由一组人通过阅读、讨论和争议的方式对程序进行静态分析的过程。会审小组在充分阅读待审程序文本、控制流程图及有关要求、规范等文件基础上，召开代码会审会，程序员逐句讲解程序的逻辑，并展开热烈的讨论甚至争议，以揭示错误的关键所在。实践表明，程序员在讲解过程中能发现许多自己原来没有发现的错误，而讨论和争议则进一步促使了问题的暴露。

② 单元测试。

单元测试集中在检查软件设计的最小单位——模块上，通过测试发现实现该模块的实际功能与定义该模块的功能说明不符合的情况，以及编码的错误。

③ 集成测试。

集成测试是将模块按照设计要求组装起来同时进行测试，主要目标是发现与接口有关的问题。如数据穿过接口时可能丢失，一个模块与另一个模块可能由于疏忽的问题而造成有害影响，把子功能组合起来可能不产生预期的主功能，个别看起来可以接受的误差可能积累到不能接受的程度，全程数据结构可能有错误等。

④ 确认测试。

确认测试的目的是向未来的用户表明系统能够像预定要求那样工作。经集成测试后，已经按照设计把所有的模块组装成一个完整的软件系统，接口错误也已经基本排除了，接着就应该进一步验证软件的有效性，这就是确认测试的任务，即软件的功能和性能如同用户所合理期待的那样。

⑤ 系统测试。

软件开发完成以后，最终还要与系统中其他部分配套运行，进行系统测试，包括恢复测试、安全测试、强度测试和性能测试等。

经过上述的测试过程对软件进行测试后，软件基本满足开发的要求，测试宣告结束，经验收后，将软件提交用户。

1.4 软件质量与质量模型

如同工厂里生产产品一样，软件产品的质量是同样重要的。质量是"反映实体满足明确和隐含需要的能力和特性的综合体"（GB/T6583-ISO8402，1994 版）。这里的实体指产品、活动、过程、组织的体系等。因此，质量是一种需要，"是一组固有特性满足要求的程度"。如何提高软件产品的质量，使软件更好地服务于各种应用需要，已成为各行各业广泛关注的课题。

1.4.1 软件质量的定义

软件质量：即国际化标准组织 ISO ISOIEO9126 中将软件质量定义为反映软件产品满足规定需求和潜在需求能力的特征和特征的总和。

MJ. Fisher 将软件质量定义为所有描述计算机软件优秀程度的特性的组合。也就是说，为了满足软件的各项精确定义的功能、性能要求，符合文档化的开发标准，需要相应地给出或设计一些质量特性及其组合，要得到高质量的软件产品，就必须满足这些质量特性。

按照 ANSI/IEEE Std 1061. 1992 中的标准，软件质量定义为：与软件产品满足需求所规定的和隐含的能力有关的特征或特性的全体。具体包括：

（1）软件产品中所能满足用户给定需求的全部特性的集合；

（2）软件具有所有的各种属性组合的程度；

（3）用户主观得出的软件是否满足其综合期望的程度；

（4）决定所用软件在使用中将满足其综合期望程度的合成特性。

目前，对软件质量特性有多种提法，但实际上是大同小异。ISOIEC 9126 国际标准中定义的软件质量特性为以下 6 项：功能性、可靠性、易使用性、效率、可维护性和可移植性。

1.4.2 影响软件质量的因素

软件本身的特点和目前软件开发模式的一些缺陷，使软件内部的质量问题有时不可能完全避免。

（1）软件本身的特点。软件具有复杂性、一致性、可变性和不可见性。软件规模的增大，导致它的复杂程度大大增加，并且让整个开发工作变得难以控制和管理。如果说编写 1 个数十行到数百行的程序连初学者也很容易完成，那么开发1个数万以至数百万行的软件，其复杂度将大大上升，即使是富有经验的程序员，也难免顾此失彼。例如，开发一个网上购物系统，需要根据实际情况考虑到不同类目、不同商品、不同层次用户的使用，其复杂性是显而易见的。更重要的是，软件的可靠性往往随着规模的增长而下降，质量保证也越来越困难。

（2）开发环节多根据传统的瀑布模型将软件的生存周期划分为：计划时期的问题定义和可行性研究；开发时期的需求分析、概要设计、详细设计、编码和测试；运行时期的维护。各个阶段之间具有顺序性和依赖性。在这里，顺序性有两重含义：第一，只有等前一阶段的工作完成以后，后一阶段的工作才能开始。第二，前一阶段的输出文档，就是后一阶段的输入文档。想在后阶段获得正确的结果，必须在前阶段有正确的输出。因此，如果在生存周期的某一阶段出现了问题，往往要追溯到在它之前的一些阶段，必要时还要修改前面已经完成的文档。这也必将导致修复成本的大幅增加。

（3）选择支持工具。目前软件开发工作大多是手工操作，借助工具自然可以提高效率，减少出错机会。但是，在软件的整个开发过程中，能够得到的开发工具或管理工具十分有限。C语言、C++、Visual C++、Delphi、C#、Java等都可以作为开发工具使用，在面临具体问题时，要根据各种语言自身的特点和开发人员的熟练程度，灵活机动地选择。

（4）测试的局限性。目前在软件开发过程中保证质量的主要手段是测试。广泛采用的仍然是白盒测试和黑盒测试。而软件测试的局限性在于，虽然它能够帮助我们尽可能多地发现软件中隐藏的问题，但是，有一些错误仍然存在，因为测试本身也是有缺陷的，不是尽善尽美的。也就是说，我们通过测试，可以在一定程度上把错误减少到最低限度。

1.4.3 软件质量控制

1．软件质量控制的定义

在IEEE中对软件质量控制的定义是：用以评价开发或生产的软件产品质量的一系列活动。质量控制是质量管理的一部分，是为保证每一件产品都满足对它的需求而应用于整个开发周期中的一系列审查和测试。

软件质量控制是指监视项目的具体结果，以确定其是否符合相关的质量标准，并判断如何杜绝造成不合格结果的根源。这就是说，软件质量控制是以软件质量为目的，以软件质量评估为度量，以软件质量控制为核心手段，高效地运作软件开发的过程。

高质量的软件离不开有效的管理和控制。J.M.Juran认为，质量控制是一个常规的过程，通过它度量实际的质量性能并与标准比较，当出现差异时采取行动。由此，Donald Refer给出软件质量控制定义：软件质量控制是一系列的验证活动，在软件开发过程之中的任何一点进行评估开发的软件产品是否在技术上符合该阶段指定的规约。

由此，我们给出软件质量管理的定义是：软件质量管理是一系列的验证活动，通过这些活动，我们可以判断软件开发各个阶段是否符合既定的要求，对发生的软件缺陷和软件错误是否给出及时的修正和纠正。

2．软件质量管理方法

由于软件是一种技术密集的、集智力劳动于一体的产品，一般具有实用性、抽象性、灵活性、复杂性、无磨损和不老化等特点，特定软件还具有高安全性、高可靠性、适应性强、实时性要求高等特点。软件的生产与硬件也不同，它没有明显的制造过程。软件的开发至今仍不能自动化地进行，而以人工开发方式为主。针对软件的特点，对软件的质量控制，更应该注重对软件过程的控制，通过完善质量管理体系以适应软件质量管理要求。

1.4.4 软件质量评估的标准与度量

软件质量有与硬件不同的评价方法，根据软件产品的特性，评估一个软件的质量需要有一个评价标准、一个评价准则和一种度量。

1．标准

软件的质量标准就是软件质量的6个特性，如下所述。

（1）功能性：指软件所实现的功能满足用户需求的程度。

（2）可靠性：指在规定的时间和条件下，软件所能维持其应有性能水平的程度。它除了反映软件满足用户需求正常运行的程度，而且反映了在故障发生时能继续运行的程度。

（3）易用性：指对于一个软件，用户学习、操作时所做的努力程度。易用性反映了软件与用户的友善性。

（4）效率：指在指定的条件下，软件实现某种功能所需要的计算机资源（CPU、内存、接口、外设等）、时间的有效程度。效率反映了在完成功能要求时，有没有浪费资源。

（5）可维护性：指在一个运行的软件中，为了满足用户需求、环境改变或软件发生错误时，进行相应修改所做的努力程度。可维护性反映了在用户需求、环境发生变化或软件发生错误时，对软件进行修改的容易程度。

（6）可移植性：指从一个计算机系统或环境移植到另一个计算机系统或环境的容易程度。可移植性反映了软件在不同环境的适应程度，评价了软件的质量。

2．准则

软件评价准则，概括起来有：精确性、健壮性、安全性、通信有效性、处理有效性、设备有效性、可操作性、培训性、完备性、一致性、可追踪性、可见性、硬件环境无关性、软件系统无关性、可扩充性、公用性、模块性、清晰性、自描述性、简单性、结构性和文档完备性。对不同类型的软件、软件的各个开发阶段，评价准则要进行不同的有机组合，方可反映出该软件的质量要素。

3．度量

软件的度量包含费用、工作量、生产率、性能、可靠性和质量等方面的度量，对于软件质量度量应根据软件质量的6个特性，在软件开发不同的生命周期，对不同类型的软件在每一个阶段制订相应的评价内容，以实现软件开发过程的质量控制。

1.4.5 软件度量的方法体系

1．项目度量

项目度量是针对软件开发项目的特定度量，目的在于度量项目规模、项目成本、项目进度、顾客满意度等，辅助项目管理进行项目控制。

2．规模度量

软件开发项目规模度量是估算软件项目工作量、编制成本预算、策划合理项目进度的基础。

3．成本度量

软件开发成本度量主要指软件开发项目所需的财务性成本的估算。

4．顾客满意度度量

顾客满意是软件开发项目的主要目的之一。

5．软件质量的生命周期及其度量

软件产品的度量实质上是软件质量的度量，而软件的质量度量与其质量的周期密切相关。

6．过程度量

过程度量是对软件开发过程的各个方面进行度量。

1.4.6 软件质量保证模型

国际上从 20 世纪 80 年代初，就开始研究软件的质量控制问题，随着软件质量领域知识的增长，一些流行和重要的国际标准纷纷出台。ISO9000 和 CMM 就是其中最具代表性的成果。同时，美国、欧洲、加拿大以及其他许多地区都建立了专门的协会、研究中心或实验室，为世界和本地区的软件企业改善和提高其软件过程能力提供技术支持。

1．软件能力成熟度模型

1986 年，美国卡内基—梅隆大学软件工程研究院应美国联邦政府评估软件供应商能力的要求，开始研究软件能力成熟度模型——CMM（Capability Maturity Model）。它是对于软件组织在定义、实施、度量、控制和改善其软件过程的实践中各个发展阶段的描述。CMM 的核心是把软件开发视为一个过程，并根据这一原则对软件开发和维护进行过程监控和研究，以使其更加科学化、标准化，使企业能够更好地实现商业目标。1991 年该研究院推出 CMM1.0 版，1993 年推出 CMM1.1 版。

其所依据的想法是：只要集中精力持续努力去建立有效的软件工程过程的基础结构，不断进行管理的实践和过程的改进，就可以克服软件生产中的困难。CMM 是目前国际上最流行、最实用的一种软件生产过程标准，已经得到了众多国家以及国际软件产业界的认可，成为了当今企业从事规模软件生产不可缺少的一项内容。

CMM 自问世后备受关注，在一些发达地区和国家得到了广泛的应用，成为衡量软件公司组织管理软件产品开发能力的事实上的工业标准，并为软件公司改善其生产过程提供了重要的依据。在 CMM 模型及其实践中，企业的过程能力被作为一项关键因素予以考虑。所谓过程能力，是指把企业从事软件开发和生产的过程本身透明化、规范化和运行的强制化。这样一来，就可以把软件开发及生产过程中成功或失败的经验教训变成今后可以借鉴和吸取的"营养"，大大提高软件生产的成熟程度能力。以日本和韩国为例，他们的若干大型信息技术骨干企业就纷纷采纳了 CMM 模型及其相关标准。

CMM 是以增量方式逐步引入变化的。它明确地定义了 5 个不同的"成熟度"等级，一个组织可按一系列小的改良性步骤向更高的成熟度等级前进。等级越高的企业，其软件过程的可见度越好、软件过程的可控性越高、产品性能的预见行以及软件项目的风险评估也越来越准确。企业的生产能力以及产品质量也就越来越高。以下是 5 个等级的基本特征。

（1）初始级。工作无序，项目进行过程中常放弃当初的计划。管理无章法，缺乏健全的管理制度。开发项目成效不稳定，项目成功主要依靠项目负责人的经验和能力，他一旦离去，工作秩序面目全非。处于成熟度等级 1 的组织，由于软件过程完全取决于当前的人员配备，所以具有不可预测性，人员变化了，过程也跟着变化。要精确地预测产品的开发时间和费用之类重要的项目，是不可能的。

（2）可重复级。管理制度化，建立了基本的管理制度和规程，管理工作有章可循。初步实现标准化，开发工作比较好地按标准实施。变更依法进行，做到基线化，稳定可跟踪，新项目的计划和管理基于过去的实践经验，具有重复以前成功项目的环境和条件。

（3）定义级。开发过程，包括技术工作和管理工作，均已实现标准化、文档化。建立了完善的培训制度和专家评审制度，全部技术活动和管理活动均可控制，对项目进行中的过程、岗位和职责均有共同的理解。

（4）管理级。产品和过程已建立了定量的质量目标。开发活动中的生产率和质量是可量度的。已建立过程数据库，已实现项目产品和过程的控制。可预测过程和产品质量趋势，如预测偏差，实现及时纠正。

（5）优化级。可集中精力改进过程，采用新技术、新方法。拥有防止出现缺陷、识别薄弱环节以及加以改进的手段。可取得过程有效性的统计数据，并可据其进行分析，从而得出最佳方法。

整个企业将会把重点放在对过程进行不断的优化，采取主动的措施去找出过程的弱点与长处，以达到预防缺陷的目标。同时，分析各有关过程的有效性资料，做出对新技术的成本与效益的分析，并提出对过程进行修改的建议。达到该级的公司可自发地不断改进，防止同类缺陷二次出现。

CMM 也不仅仅应用于软件开发组织内，它也可作为认证机构的认证工具和用户评测一个企业是否达到所要求的能力的依据。

CMM 为软件企业的过程能力提供了一个阶梯式的改进框架，它基于过去所有软件工程过程改进的成果，吸取了以往软件工程的经验教训，提供了一个基于过程改进的框架；它指明了一个软件组织在软件开发方面需要管理哪些主要工作、这些工作之间的关系以及以怎样的先后次序，一步一步地做好这些工作而使软件组织走向成熟。

CMM 框架用 5 个不断进化的层次来评定软件生产的历史与现状：其中初始层是混沌的过程，可重复层是经过训练的软件过程，定义层是标准一致的软件过程，管理层是可预测的软件过程，优化层是能持续改善的软件过程。任何单位所实施的软件过程，都可能在某一方面比较成熟，在另一方面不够成熟，但总体上必然属于这 5 个层次中的某一个。而在某个层次内部，也有成熟程度的区别。在 CMM 框架的不同层次中，需要解决带有不同层次特征的软件过程问题。因此，一个软件开发单位首先需要了解自己正处于哪一个层次，然后才能够对症下药地针对该层次的特殊要求解决相关问题，这样才能收到事半功倍的软件过程改善效果。任何软件开发单位在致力于软件过程改善时，只能由所处的层次向紧邻的上一层次进化，而且在由某层次向更成熟层次进化时，在原有层次中的那些已经具备的能力还必须得到保持与发扬。

软件产品质量在很大程度上取决于构筑软件时所使用的软件开发和维护过程的质量。软件过程是人员密集和设计密集的作业过程：若缺乏有素训练，就难以建立起支持实现成功改进软件过程的基础，改进工作亦将难以取得成效。CMM 描述的这个框架正是勾勒出从无定规的混沌过程向训练有素的成熟过程演进的途径。

CMM 包括两部分即"软件能力成熟度模型"和"能力成熟度模型的关键惯例"。"软件能力成熟度模型"主要是描述此模型的结构，并且给出该模型的基本构件的定义。"能力成熟度模型的关键惯例"详细描述了每个"关键过程方面"涉及的"关键惯例"。这里"关键过程方面"是指一组相关联的活动。每个软件能力成熟度等级包含若干个对该成熟度等级至关重要的过程方面，它们的实施对达到该成熟度等级的目标起到保证作用。这些过程域就称为该成熟度等级的关键过程域；反之，非关键过程域是指对达到相应软件成熟度等级的目标不起关键作用的过程域。故"关键过程方面"可归纳为：互相关联的若干软件实践活动和有关基础设施的一个集合。而"关键惯例"是指使关键过程方面得以有效实现和制度化的作用最大的基础设施和活动，包括对关键过程的实践起关键作用的方针、规程、措施、活动以及相关基础设施的建立。

关键实践一般只描述"做什么"而不强制规定"如何做"。各个关键惯例按每个关键过程方面的 5 个"公共特性"(对执行该过程的承诺、执行该过程的能力、该过程中要执行的活动、对该过程执行情况的度量和分析、证实所执行的活动符合该过程)归类,逐一详细描述。当达到了某个关键过程的全部关键惯例就认为实现了该关键过程,实现了某成熟度级及其低级所含的全部关键过程就认为达到了该级。

上面提到了 CMM 把软件开发组织的能力成熟度分为 5 个等级。除了第 1 级外,其他每一级由几个关键过程方面组成。每一个关键过程方面都用上述 5 种公共特性予以表征。CMM 给每个关键过程规定了一些具体目标。按每个公共特性归类的关键惯例是按该关键过程的具体目标选择和确定的。如果恰当地处理了某个关键过程涉及的全部关键惯例,这个关键过程的各项目标就达到了,也就表明该关键过程实现了。这种成熟度分级的优点在于,这些级别明确而清楚地反映了过程改进活动的轻重缓急和先后顺序。

2．ISO9000 系列国际标准

ISO9000 系列国际标准的主要用途是为企业建立质量体系,提供质量保证的模式。

ISO9000 认证的主要内容有以下几点。

(1)帮助企业建立 ISO9000 要求的质量方针、手册和程序文件。

(2)指导企业建立符合 ISO9000 的过程流管理以及必要的操作手册。

(3)指导企业扩展项目层面上的设计活动,并根据项目选用的生命周期模型,建立项目定义的软件过程。

(4)建立企业的过程数据库,收集和分析企业的过程活动数据,为企业进行过程改进和提高成熟度能力提供基础。

(5)提供强大的文档流管理系统,方便、有效地管理企业的过程产品和最终产品,提高阶段成果和成功经验的复用程度。

ISO9000 系列标准自从 1987 年发布以来,已经陆续发布了十几个相关的标准和指南,形成了质量管理和质量保证标准体系,受到了世界各国的踊跃采用和广泛实施。全世界普遍接受的目标已初步得到实现,国际化大趋势已成为现实。我国自 1992 年开始采用 ISO9000 系列标准制定了 GB/T 19000—1994 系列标准。颁布实施后,为我国的企业同国际接轨奠定了基础,受到了各行业、企业的极大关注。ISO9000 系列标准包含了综合的质量管理概念和指南,是现代质量管理和质量保证理论的结晶,也是实践经验的总结。同时在消除国际贸易中的技术壁垒、提高企业素质、开展质量认证工作及保护消费者利益等方面起到越来越大的作用。欧盟在 1992 年就要求把取得 ISO9000 合格证书作为进入欧盟市场的条件之一。在欧盟之后,北美自由贸易区、澳大利亚和日本也对 ISO9000 提出了类似的要求,推行 ISO9000 已成为国际大趋势。

在 ISO9000 系列中,ISO9001 是一个符合软件开发与维护的标准。它对企业的质量管理体系给出一个宏观的框架。ISO9001 包含 20 个要素,描述了软件企业质量管理和控制的各个环节,给出了一般质量系统的需求。同时,也使基于 ISO9000 建立软件企业的质量保证平台具有良好的可操作性。另外,ISO9000-3 为软件企业导入 ISO9001 提出了一个指南。

3．基于 ISO9000 和 CMM 的软件质量保证模型

我国软件技术人员在数十年来的研究与开发工作中,一直在寻找适合我国特点的发展软件产业的途径,积累了一些经验,也有不少教训。如今大家的共识是:21 世纪的软件产业必须走工业化生产的道路,实行软件开发生产组织的变革,实现软件开发的标准化、规范化和国际化。

落实到具体,一方面我们需要营造软件工程文化,培养大量既懂信息技术又懂企业管理的

高级人才，建立必要的信息产业通用基础设施；另一方面还需要建立过程工程、系统工程、面向对象技术、软件过程以及软件质量工程等五个以支持环境为主要特征的软件产业基础设施，以全面支持和促进软件产业国际化、标准化的建立与发展。

随着软件质量管理和认证工作在中国 IT 业的开展，其支撑技术的研究、支撑工具的开发也日益引起人们的重视，如何帮助软件企业的管理者和工程师理解 ISO9000 或 CMM，引导企业建立标准化的生产过程和管理过程，进行工作流和文档流的控制和管理，以及软件过程和软件质量的度量技术等，都是目前急待解决的问题。

CMM 和 ISO9001 并不是孤立或彼此矛盾的。ISO9001 的每一个质量要素都可以对应到 CMM2—3 级中关键过程区域的特征上。而 CMM 在生产过程中的管理重点，又弥补了 ISO9001 在微观管理上的不足。另外，ISO9000：2000 版中增加的度量正好是 CMM 第 4 级强调的重点。所以，可以综合考虑 ISO9000 和 CMM 的质量管理要求，在建立企业的标准过程时，根据企业的商业目标，建立符合 ISO9001 或 CMM 的质量目标和管理体系，为企业通过 ISO9000 认证或 CMM 认证提供技术支持。由于我国目前的状况，ISO9000 的认证已普遍得到人们的认同，在经济和人力的投入上，也比较符合我国软件企业目前的状况。

1.5 软件测试职业规划

1.5.1 软件测试职业介绍

软件测试在软件开发过程中所起的作用越来越重要。当前软件测试技术职业市场表明，具有一定测试经验的软件测试工程师很受市场青睐，供不应求。目前，软件测试工作越来越得到重视，现在测试人员的待遇和开发人员的待遇也非常接近。

一个比较健全的测试团队应该具有以下这些角色。

（1）测试经理：负责人员招聘、培训、管理，资源调配、测试方法改进等。

（2）实验室管理人员：负责设置、配置和维护实验室的测试环境，主要是服务器和网络环境等。

（3）内审员：负责审查流程，并提出改进流程的建议，包括建立测试文档所需的各种模板，检查软件缺陷描述及其他测试报告的质量等。

（4）测试组长：业务专家，负责项目的管理、测试计划的制订、项目文档的审查、测试用例的设计和审查、任务的安排、和项目经理及开发组长的沟通等。

（5）一般（初级）测试工程师：负责执行测试用例和相关的测试任务。

对于比较大规模的测试团队，测试工程师分为 3 个层次：初级测试工程师、测试工程师、资深（高级）测试工程师等，同时还设立自动化测试工程师、系统测试工程师和架构工程师。

对于规模很小的测试小组，可能没有设置测试经理，只有测试组长，这时测试组长承担测试经理的部分责任，如参加面试工作、资源管理、团队发展等，并且要做内审员的工作，检查软件缺陷描述及其他测试报告的质量等。资深测试工程师不仅要负责设计规格说明书的审查、测试用例的设计等，还要设置测试环境，即承担实验室管理人员的责任。

为了更好地理解团队中的每位成员所起的作用，就需要清楚不同的角色所应该承担的责任。

对于主要角色的责任，先从一般（初级）测试工程师开始，再介绍资深测试工程师，最后到测试经理。这个过程有利于读者理解他们的责任，测试工程师虽然和初级测试工程师责任不一样，但肯定的是，测试工程师能做好所有要求初级测试工程师做好的工作。

不同层次的测试工程师责任有一定的区别，但都是技术工作，主要任务是设计和执行各种测试任务，是测试工作的基础。

下面对软件测试各职位及其责任做详细的介绍。

（1）初级测试工程师。

初级测试工程师的责任比较简单，还不具备完全独立的工作能力，需要测试工程师或资深测试工程师的指导，要求比较低，主要有下列7项责任。

- 了解和熟悉产品的功能、特性等。
- 验证产品在功能、界面上是否和产品规格说明书一致。
- 按照要求，执行测试用例，进行功能测试、验收测试等，并能发现所暴露的问题。
- 清楚地描述所出现的软件问题。
- 努力学习新技术和软件工程方法，不断提高自己的专业水平。
- 使用简单的测试工具。
- 接受测试工程师的指导，执行主管所交待的其他工作。

（2）测试工程师。

测试工程师的责任相对多些，熟悉测试流程、测试方法和技术，参与自动化测试，具有独立的工作能力，但基本以执行测试为主，主要责任如下。

- 熟悉产品的功能、特性，审查产品规格说明书。
- 根据需求文档或设计文档，可以设计功能方面的测试用例。
- 根据测试用例，执行各种测试，发现所暴露的问题。
- 全面使用测试工具，包括测试脚本的编写。
- 安装、设置简单的系统测试环境。
- 报告所发现的软件缺陷，审查软件缺陷，跟踪缺陷修改的情况，直到缺陷关闭。
- 编写测试报告。
- 负责对初级测试工程师指导，执行主管所交待的其他工作。

（3）资深测试工程师。

资深测试工程师不仅具有良好的技术、产品分析能力、解决问题能力、丰富的测试工作经验，而且有较好的编程、自动化测试经验，熟悉测试流程、测试方法和技术，解决测试经理工作中可能遇到的各种技术问题。主要责任如下。

- 负责系统中一个或多个模块的测试工作。
- 制订某个模块或某个阶段的测试计划和测试策略。
- 设计测试环境所需的系统或网络结构，安装、设置复杂的系统测试环境。
- 熟悉产品的功能、特性，审查产品规格说明书，并提出改进要求。
- 审查代码。
- 验证产品是否满足了规格说明书所描述的需求。
- 根据需求文档或设计文档，设计复杂的测试用例。
- 负责对测试工程师的指导，执行主管所交待的其他工作。

（4）测试实验室管理员。

测试实验室管理员主要负责建立、设置和维护测试环境，保证测试环境的稳定运行，其主要责任如下。

- 负责测试环境所需的网络规划和建设，维护网络的正常运行。
- 建立、设置和维护测试环境所需的应用服务器和软件平台。
- 申请所需要的、新的硬件资源和软件资源，协助有关部门进行采购、验收。
- 对实验室硬件、软件资源的使用权限进行设计和设置，保证其安全性。
- 安装新的测试平台、被测试的系统等。
- 优化测试环境，提高测试环境中网络、服务器和其他设备运行的性能。

（5）软件包构建或发布工程师。

发布工程师在 QA 工作中起着很重要的角色，负责测试产品的上载、打包和发布，其主要责任如下。

- 负责源程序代码管理系统的建立、管理和维护。
- 定义文件名规范，建立合理的程序文件结构和存储目录结构。
- 为程序的编译、连接等软件包构造建立自动处理文件。
- 保证测试最新的产品包上载到相应的服务器上，并确认各模块或组件之间相互匹配。
- 每天为各项目中新的或修改的代码重新构造新的软件包。确保不含病毒，不缺图片和各种文件。
- 负责软件包的接收、发送、存储和备份等。

（6）测试组长。

测试组长一般具备资深测试工程师的能力和经验，可能在技术上相对弱些，不是小组内最强的，其责任偏重测试项目的计划、跟踪和管理，同时负责测试小组团队的管理和发展。

（7）测试经理。

测试经理的主要工作在团队、资源和项目等管理上，不同于测试组长。测试组长主要集中在项目管理上，一般不负责测试人员的招聘、流程定义等管理工作，而且偏重技术。测试经理对产品的质量负责，有责任向公司最高管理层反映软件开发过程中管理问题或产品中的质量问题，使公司能全面掌握生产和质量状况。

要使得软件产品质量得到保证，并能在市场竞争中获胜,软件测试就显得尤为重要。要获得快捷可靠的软件测试资源，一般可以从正规的培训会议、相关的网站及从事软件测试的专业组织这 3 种途径中获取。

1.5.2 软件测试员需要具备的素质

软件测试是一项复杂而艰巨的任务，软件测试工程师的目标是尽早发现软件缺陷，以便降低修复成本。软件测试员是客户的"眼睛"，是最早看到并使用软件的人，所以应当站在客户的角度，代表客户说话，及时发现问题，力求使软件功能趋于完善。

很多比较成熟的软件公司都把软件测试视为高级技术职位。软件测试员的工作与程序员的工作对软件开发所起的作用是相当的。虽然软件测试员不一定是一个优秀的程序员，但是作为一个出色的软件测试员应当具备丰富的编程知识，掌握软件编程的基础内容，了解软件编程的过程，这无疑对出色完成软件测试任务具有很大的帮助。

通常软件测试工程师应具备如下素质。

1．具有较强的沟通能力

优秀的测试工程师必须能够同测试涉及的所有人进行沟通，具有与技术和非技术人员的交流能力。既要可以和用户谈得来，又能同开发人员说得上话，但这两类人没有共同语言，和用户谈话的重点必须放在系统可以正确地处理什么和不可以处理什么上，尽量不使用专业术语；而和开发者交流时，尽量要使用专业术语，对用户反馈的相同信息，测试人员必须重新组织，以另一种方式表达出来，测试小组的成员必须能够同等地与用户和开发者沟通。

2．掌握比较全面的技术

就总体而言，开发人员对那些不懂技术的人持一种轻视的态度。一旦测试小组的某个成员做出了一个比较明显的错误断定，可能会被夸张地到处传扬，那么测试小组的可信度就会受到影响，其他正确的测试结果也会受到质疑。再者，由于软件错误通常依赖于技术，或者至少受构造系统所使用的技术的影响，所以测试人员应该掌握编程语言、系统构架、操作系统的特性、网络、表示层、数据库的功能和操作等知识，应该了解系统是怎样构成的，明白被测试软件系统的概念、技术，要建立测试环境、编写测试脚本，又要会使用软件工程工具。要做到这些，需要有几年以上的编程经验以及对技术和应用领域的深刻理解。

3．做优秀的外交家

优秀的测试人员必须能够同测试涉及的所有人进行良好的沟通。机智老练的外交手法有助于维护与开发人员的协作关系，具有幽默感同样也是很有帮助的。

测试人员应该把精力集中在查找错误上面，而不是放在找出是开发小组中哪个成员引入的错误。这样可以保证测试的否定性结果只是针对产品，而不是针对编程人员，也就是说，要使用一种公正和公平的方式指出具体错误，这对于测试工作是有益的。一般来说，武断地对产品进行攻击是错误的。在遇到狡辩的情况下，一个幽默的批评将很有帮助。

4．具有挑战精神

优秀的测试工程师在开发测试用例时使用的方法，与勘探专家在一个山洞中摸索前进的方法一样。虽然周围可能存在大量死路，但是测试工程师要像勘探专家一样具有挑战性，向山洞中的深处探索，向一切没有去过的地方前进，最终才可能会有一个大发现。

5．具有准确的判断力

一个好的测试工程师具有一种先天的敏感性及准确的判断力，并且还能尝试着通过一些巧妙的变化去发现问题。同时，还具有强烈的质量追求、对细节的关注能力、应用高风险区的判断力以便将有限的测试针对重点环节。

6．做故障排除家

可以想象，开发人员会尽他们最大的努力将所有的错误解释过去。测试人员必须听每个人的说明，但必须保持高度警惕，怀疑一切，直到得出自己的分析结果或亲自测试之后，才能做出决定。测试人员还应具有自我督促能力，才能保证每天的工作都能高质量完成，要善于发现问题的症结并及时清除。

7．要有充分的自信心和耐心

开发人员指责测试人员出了错是常有的事，测试工程师必须对自己的观点有足够的自信心，对自己所报的缺陷有信心。如果没有信心或受开发人员影响过大，测试工作就缺乏独立性，程序中的漏洞或缺陷容易就被忽略过去，从而谈不上保证软件产品的质量。还有一种情况也是常见的，即软件产品设计规格说明书总是或多或少存在一些逻辑问题，编程人员和测试人员对那些有问题的功能存在争议，这时候，信心会帮助测试人员发现产品设计中的问题。

有些软件测试工作需要难以置信的耐心。有时需要花费惊人的时间去分离、识别一个错误，需要对其中一个测试用例运行几十遍、甚至几百遍，了解错误在什么情况或什么平台下才发生。测试人员需要保持平静，尤其是在集中注意力解决困难问题的时候，特别是在测试执行阶段，面对成百上千的测试用例，要一个个去执行，还要在不同的测试环境上重复，耐心是必要的。

当然，我们也应尽量让测试工具去完成那些重复性的任务。

1.6 测试项目任务说明

1.6.1 工作任务描述

本书将通过一个实际软件项目的测试案例——网上购物系统，来贯穿对软件测试基本概念和基本技术的理解，以便读者在实际的案例中加深认识和体会。本书以工作过程系统化为设计理念，企业专业人员参与本书的编写，按照企业真实的测试流程设计各章节内容，将真实项目网上购物系统的测试活动贯穿始终，并辅以拓展项目超市管理系统，使学生能够更好地掌握测试流程，可以达到企业测试岗位技能的要求。

读者将会在真实的测试过程中，学习软件测试的相关理论知识，积累自己的测试经验。

1.6.2 工作过程

1．确定测试计划（详见第 2 章）

把做一件事需要做的准备工作做好，明确做这件事的目的，最终达成目的并验证结果是我们要做的事情，做测试也是同样，这要求我们有一个完善的"测试计划书"。

测试计划的内容包含以下几方面。

（1）测试范围：描述本次测试中做的测试范围，如测试软件功能范围、测试种类等。

（2）简单地描述如何搭建测试平台以及测试潜在的风险。

（3）项目信息：说明要测试的项目的相关资料，如输入输出文档、产品描述、软件主要功能。

（4）人力资源的分配。

> 注：计划和设计分开编写，最好安排充分的时间去明确测试需求。

测试需求：笼统说，就是测试中的所有设计和需求文档以作为本次测试的依据。

2．设计测试用例（详见第 3 章）

在设计测试方案时，首先分解测试内容，对于一个复杂系统，通常可以分解成几个互相独立的子系统，正确地划分这些子系统及其逻辑组成部分和相互间的关系，可以降低测试的复杂性，减少重复和遗漏，也便于设计和开发测试用例，有效地组织测试，将系统分析人员的开发分析文档加工成以测试为角度的功能点分析文档，重要的是描述对系统分解后每个功能点逐一的校验描述，包括何种方法测试、何种数据测试、期望测试结果等，然后以功能点分析文档作为依据进行测试用例的设计。设计测试用例是关系到测试效果以至软件质量的关键性一步，也是一项非常细致的工作，应根据对具体系统的分析和测试要求，逐步细化测试的范围和内容，设计具体的测试过程和数据，同时将结果写成可以按步执行的测试文档。每个测试用例必须包括以下几个部分。

（1）标题和编号。

（2）测试的目标和目的。

（3）输入和使用的数据和操作过程。

（4）期望的输出结果。

（5）其他特殊的环境要求、次序要求、时间要求等。

3．执行测试（详见第4章）

当测试用例的设计和测试脚本的开发完成之后，提交测试版本、部署测试环境后就开始执行测试。

手工测试；在合适的测试环境上，按照测试用例的条件、步骤要求，准备测试数据：对系统进行操作，比较实际结果和测试用例所描述的期望结果，以确定系统是否正常运行或正常表现。

大多公司的测试方法，此阶段需要时间和人力。

自动化测试：通过测试工具，运行测试脚本，得到测试结果。

对手工测试的管理相对要复杂得多，在整个测试执行阶段中，管理上会碰到一系列问题，主要包括以下几点。

● 如何确保测试环境满足测试用例所描述的要求？

● 如何保证每个测试人员清楚自己的测试任务？

● 如何保证每个测试用例得到百分之百的执行？

● 如何保证所报告的Bug正确、描述清楚、没有漏掉信息？

● 如何跟踪Bug处理的进度，严重的Bug是否及时得到解决？

4．测试总结（详见第5章）

（1）可以让具体的任务负责人对该本次测试中个人负责的模块进行评价，提出相关建议，给出总体的评估。

（2）记录包括整体上的Bug按照不同等级的统计、用例的数量和用例执行的数量。

（3）对项目中测试人力资源的统计。（单位：人/天）

（4）项目中软硬件资源统计。

（5）提出软件总体的评价。

1.6.3　工作任务实践内容

请打开"网上购物系统"（见图1-1），熟悉该系统的功能，编写该系统的功能说明。

图1-1　网上购物系统

本章小结

本章主要介绍了软件测试产生的背景、软件开发过程、软件测试基本理论、软件质量与质量模型、软件测试职业规划等基本的知识和概念。同时，对本书始终贯穿的案例进行介绍，为日后学习的顺利展开打下基础。

思考与练习

一、填空题

1. 软件测试就是使用_____或者_____按照_____和_____对产品进行测试的过程。

2. 国际化标准组织 ISOIEO9126 中将软件质量定义为反映_____满足_____和_____能力的特征和特征的总和。

3. 在 IEEE 中对软件质量控制的定义是：用以评价开发或生产的_____的一系列活动。质量控制是_____的一部分，是为保证_____而应用于的一系列审查和测试。

4. 黑盒测试也称_____或_____，它是在已知_____，通过测试来检测_____。

5. 白盒测试也称_____或_____，它是知道_____，可通过测试来检测_____是否按照_____正常进行，按照_____测试程序，检验_____是否都能按预定要求正确工作，而不顾它的功能，白盒测试的主要方法有_____、_____等，主要用于_____。

二、简答题

1. 简述软件缺陷的定义。
2. 简述原型法开发模式的优缺点。
3. 简述软件测试的几大原则。
4. 简述软件质量的六个特性。
5. 简述测试的过程及组织

答案

一、填空题

1. 软件测试就是使用人工或者自动化工具按照测试方案和流程对产品进行测试的过程。

2. 国际化标准组织 ISOIEO9126 中将软件质量定义为反映软件产品满足规定需求和潜在需求能力的特征和特征的总和。

3. 在 IEEE 中对软件质量控制的定义是：用以评价开发或生产的软件产品质量的一系列活动。质量控制是质量管理的一部分，是为保证每一件产品都满足对它的需求而应用于整个开发周期中的一系列审查和测试。

4. 黑盒测试也称功能测试或数据驱动测试，它是在已知产品所应具有的功能，通过测试来检测每个功能是否都能正常使用。

5. 白盒测试也称结构测试或逻辑驱动测试，它是知道产品内部工作过程，可通过测试来检测产品内部动作是否按照规格说明书的规定正常进行，按照程序内部的结构测试程序，检验程序中的每条通路是否都能按预定要求正确工作，而不顾它的功能，白盒测试的主要方法有逻辑驱动、基本路径测试等，主要用于软件验证。

二、简答题

1. 简述软件缺陷的定义。

对于软件缺陷的定义，通常有如下 5 项规则描述：

（1）软件未达到产品说明书中已标明的功能；

（2）软件出现了产品说明书中指明不会出现的错误；

（3）软件未达到产品说明书中虽未指出但应达到的目标；

（4）软件功能超出了产品说明书中指明的范围；

（5）软件测试人员认为软件难以理解，不易使用、运行速度缓慢，或者最终用户认为该软件使用效果不佳。

2. 简述原型法开发模式的优缺点。

原型模型的优点如下。

（1）开发人员和用户在"原型"上达成一致。这样一来，可以减少设计中的错误和开发中的风险，也减少了对用户培训的时间，而提高了系统的实用、正确性以及用户的满意程度。

（2）缩短了开发周期，加快了工程进度。

（3）降低成本。

原型模型的缺点如下。

（1）当重新生产该产品时，难以让用户接收，给工程继续开展带来不利因素。

（2）不宜利用原型系统作为最终产品。采用原型模型开发系统，用户和开发者必须达成一致。

3. 简述软件测试的几大原则。

软件测试的几大原则如下。

（1）软件开发人员即程序员应当避免测试自己的程序。

不管是程序员还是开发小组都应当避免测试自己的程序或者本组开发的功能模块。若条件允许，应当由独立于开发组和客户的第三方测试组或测试机构来进行软件测试。但这并不是说程序员不能测试自己的程序，而是更鼓励程序员进行调试。因为测试由别人来进行会更为有效、客观，并且容易成功，而程序员自己调试也会更为有效。

（2）应尽早地和不断地进行软件测试。

应当把软件测试贯穿到整个软件开发的过程中，而不应该把软件测试看作是其过程中的一个独立阶段。因为在软件开发的每一环节都有可能产生意想不到的问题，其影响因素有很多。由于软件本身的抽象性和复杂性，软件开发各个阶段工作的多样性，以及各层次工作人员的配合关系等，所以要坚持软件开发各阶段的技术评审，把错误克服在早期，从而减少修复成本，提高软件质量。

（3）对测试用例要有正确的态度。

测试用例应当由测试输入数据和预期输出结果这两部分组成。在设计测试用例时，不仅要考虑合理的输入条件，更要注意不合理的输入条件。因为软件投入实际运行中，往往不遵守正常的使用方法，当有一些甚至大量的意外输入导致软件不能做出适当的反应，就很容易产生一系列的问题，轻则输出错误的结果，重则瘫痪崩溃。因此，常用一些不合理的输入条件来发现更多的鲜为人知的软件缺陷。

（4）人以群分，物以类聚，软件测试也不例外，一定要充分注意软件测试中的群集现象，也可以认为是"80-20原则"。不要以为发现几个错误并且解决这些问题之后，就不需要测试了。反而，这里是错误群集的地方，对这段程序要重点测试，以提高测试投资的效益。

（5）严格执行测试计划，排除测试的随意性，以避免发生疏漏或者重复无效的工作。

（6）应当对每一个测试结果进行全面检查。一定要全面地、仔细地检查测试结果，但常常被人们忽略，导致许多错误被遗漏。

（7）妥善保存测试计划、测试用例、测试报告和最终分析报告，以备回归测试及维护之用。

在遵守以上原则的基础上进行软件测试，就能以最少的时间和人力找出软件中的各种缺陷，从而达到保证软件质量的目的。

4. 简述软件质量的六个特性。

（1）功能性：指软件所实现的功能满足用户需求的程度。

（2）可靠性：指在规定的时间和条件下，软件所能维持其应有性能水平的程度。它除了反映软件满足用户需求正常运行的程度，而且反映了在故障发生时能继续运行的程度。

（3）易用性：指对于一个软件，用户学习、操作时所作的努力程度。易用性反映了软件与用户的友善性。

（4）效率：指在指定的条件下，软件实现某种功能所需要的计算机资源（CPU、内存、接口、外设等）、时间的有效程度。效率反映了在完成功能要求时，有没有浪费资源。

（5）可维护性：指在一个运行的软件中，为了满足用户需求、环境改变或软件发生错误时，进行相应修改所作的努力程度。可维护性反映了在用户需求、环境发生变化或软件发生错误时，对软件进行修改的容易程度。

（6）可移植性：指从一个计算机系统或环境移植到另一个计算机系统或环境的容易程度。可移植性反映了软件在不同环境的适应程度。评价软件的质量。

5. 简述测试的过程及组织

当设计工作完成以后，就应该着手测试的准备工作了，一般来讲，由一位对整个系统设计熟悉的设计人员编写测试大纲，明确测试的内容和测试通过的准则，设计完整合理的测试用例，以便系统实现后进行全面测试。

在实现组将所开发的程序经验证后，提交测试组，由测试负责人组织测试，测试一般可按下列方式组织。

（1）首先，测试人员要仔细阅读有关资料，包括规格说明、设计文档、使用说明书及在设计过程中形成的测试大纲、测试内容及测试的通过准则，全面熟悉系统，编写测试计划，设计测试用例，作好测试前的准备工作。

（2）为了保证测试的质量，将测试过程分成几个阶段，即:代码审查、单元测试、集成测试、确认测试和系统测试。

（3）代码会审。

代码会审是由一组人通过阅读、讨论和争议对程序进行静态分析的过程。会审小组在充分阅读待审程序文本、控制流程图及有关要求、规范等文件基础上，召开代码会审会，程序员逐句讲解程序的逻辑，并展开热烈的讨论甚至争议，以揭示错误的关键所在。实践表明，程序员在讲解过程中能发现许多自己原来没有发现的错误，而讨论和争议则进一步促使了问题的暴露。

（4）单元测试。

单元测试集中在检查软件设计的最小单位-模块上，通过测试发现实现该模块的实际功能与定义该模块的功能说明不符合的情况，以及编码的错误。

（5）集成测试。

集成测试是将模块按照设计要求组装起来同时进行测试，主要目标是发现与接口有关的问题。如数据穿过接口时可能丢失；一个模块与另一个模块可能有由于疏忽的问题而造成有害影响；把子功能组合起来可能不产生预期的主功能；个别看起来是可以接受的误差可能积累到不能接受的程度；全程数据结构可能有错误等。

（6）确认测试。

确认测试的目的是向未来的用户表明系统能够像预定要求那样工作。经集成测试后，已经按照设计把所有的模块组装成一个完整的软件系统，接口错误也已经基本排除了，接着就应该进一步验证软件的有效性，这就是确认测试的任务，即软件的功能和性能如同用户所合理期待的那样。

（7）系统测试。

软件开发完成以后，最终还要与系统中其他部分配套运行，进行系统测试。包括恢复测试、安全测试、强度测试和性能测试等。

经过上述的测试过程对软件进行测试后，软件基本满足开发的要求，测试宣告结束，经验收后，将软件提交用户。

PART 2

第 2 章
测 试 计 划

教学提示：在软件测试中，测试计划是整个测试过程的第一步。软件测试的成功与失败需要通过参照测试计划来进行判断。编写得良好的测试计划可以有效地组织整个测试过程，明确测试人员的分工，提高整个测试过程的效率。

教学目标：通过本章的学习，读者将掌握测试计划的基本概念，并通过实际案例进一步学习编写软件测试计划的方法。

2.1 测试工作流程及文档

2.1.1 测试工作中的各个流程

1．测试计划

测试计划是整个测试过程中最重要的阶段，为实现可管理且高质量的测试过程提供基础。本阶段的核心工作内容是制订测试计划，指导后续测试工作顺利有序地展开，主要包括：

① 对需求规格说明书的仔细研究；

② 将要测试的产品分解成可独立测试的单元；

③ 为每个测试单元确定采用的测试技术；

④ 为测试的下一个阶段及其活动制订计划。

制订的文档包括：

① 概要测试计划；

② 详细测试计划。

2．测试设计

测试设计主要的工作是依据软件规格说明，设计相应的测试大纲（用例）。测试大纲是软件测试执行的依据，包括测试项目、测试步骤、测试完成的标准。

（1）测试大纲的本质：从测试的角度对被测对象的功能和各种特性进行细化和展开。

（2）测试大纲的好处：保证测试功能不被遗漏，也不被重复测试，合理安排测试人员，使得软件测试不依赖于个人。

3．测试执行

测试执行是测试计划贯彻实施的保证，是测试用例实现的必然过程，严格地测试执行使测试工作不会半途而废。测试执行前，应做好如下准备工作。

（1）测试环境的搭建。

搭建测试环境是测试实施的第一步，测试环境合适与否会严重影响测试结果的真实性和正确性。测试环境包括硬件环境和软件环境，硬件环境指测试必需的服务器、客户端、网络连接设备，以及打印机/扫描仪等辅助硬件设备所构成的环境；软件环境指被测软件运行时的操作系统、数据库及其他应用软件构成的环境。在实际测试中，软件环境又可分为主测试环境和辅测试环境。主测试环境是指测试软件功能、安全可靠性、性能、易用性等大多数指标的主要环境。

（2）测试任务的安排。

不仅包括指定哪些人参加测试活动，谁负责功能测试、性能测试、界面测试等，谁负责测试环境的维护等，还要包括人员的培训、知识的传递等。

（3）测试用例的执行。

当测试用例编写完成，并通过审核后，就进入到执行测试用例的阶段。每条用例至少执行一遍。因为编写测试用例时，它考虑了测试覆盖率的问题，每条测试用例都对应一个功能点，如果少执行一条，就会有一个功能点没有被测试到。我们执行测试前要认为待测试软件的每条功能点都是未实现的，每个功能点我们都要测试一遍，才能保证待测试软件能正确满足用户需求。

执行测试用例时，要详细记录软件系统的实际输入输出，仔细对比实际输入和测试用例中的期望输入是否一致。如果不一致，要从多个角度多测试几次，尽量详细地定位软件出错的位置和原因，并测试出因为这个错误会不会导致更严重的错误出现，最后把详细的输入和实际的输出，以及对问题的描述写到测试报告中。在一个项目组中，项目的开发时间是有限的，如果测试时能把问题描述得详细一些，那么开发人员就会很容易重现这个问题，也就能更快地解决问题，节省项目时间。

在测试时，有时会发现某条用例执行时，软件会出错，但是当再次执行时这个错误就不再重现。这种情况，一般会被认为是偶然现象，会忽略过去。其实，这种错误才是隐藏最深的、最难发现的错误。遇到这种情况时，要仔细分析这种情况，不要放过任何小的细节，多测试几次，准确地找出问题的原因。

（4）缺陷报告。

软件问题报告是软件测试过程中最重要的文档，它的内容包括：

● 记录问题发生的环境，如各种资源的配置情况；

● 记录问题的再现步骤；

● 记录问题性质的说明；

● 记录问题的处理进程。

问题处理进程从一定角度上反映测试的进程和被测软件的质量状况以及改善过程。

4．测试总结

软件测试执行结束后，测试活动还没有结束。测试总结是必不可少的重要环节，测试结果的分析对下一轮测试工作的开展有着很大的借鉴意义。

测试总结阶段不仅要总结每位测试员在测试过程中的收获，而且要总结测试小组整个测试工作，组内的成员要互相交流，有效地自我分析和分析其他测试人员，从而指导今后的测试工作，不断积累测试经验。在本阶段产生的文档就是测试总结报告。

测试总结报告是测试人员的重要成果之一。一个好的测试报告建立在测试结果的基础之上，不仅要提供必要测试结果的实际数据，同时要对结果进行分析，发现产品中问题的本质，对产品质量进行准确的评估。

分析的对象和内容包括测试的覆盖率、缺陷分析、产品总体质量分析、过程分析等。

2.1.2 主要测试文档

1．测试计划

测试计划主要对软件测试项目，所需要进行的测试工作，测试人员所应该负责的测试工作，测试过程，测试所需要的时间、资源，以及测试风险等做出预先的计划和安排。描述其用于验证软件是否符合产品说明书和客户需求的整体方案。

2．测试用例

依据测试的项目，描述验证软件的详细步骤。

3．软件问题报告

描述依据测试用例找出的问题，通常提交测试报告。

4．归纳、统计和总结

采用图表、表格和报告等形式来描述整个测试过程。

2.1.3 测试开始和结束的条件

按照下面的条件执行软件测试。

1．测试开始标准

（1）测试计划评审通过。

（2）测试用例已编写完成，并已通过评审。

（3）存在已提交的可测试的系统。

（4）测试环境已搭建完毕。

2．测试退出标准

（1）测试用例全部通过。

（2）存在的问题已得到合理的处理。

3．测试停止标准

（1）近半数以上测试用例无法执行。

（2）测试环境与要求不符。

（3）开发中需求频繁变动。

2.2 测试计划编写

2.2.1 工作任务描述

运行给定的网上商城购物系统程序，熟悉该程序的基本功能和相关界面（可参考该程序的系统需求规格说明书）。对该系统进行黑盒测试，编写相应的测试计划文档。

2.2.2 应知应会

1．软件测试计划定义

ANSI/IEEE 软件测试文档标准 829–1983 将测试计划定义为 "一个叙述了预定的测试活动的范围、途径、资源及进度安排的文档。它确认了测试项、被测特征、测试任务、人员安排，以及任何偶发事件的风险。软件测试计划是指导测试过程的纲领性文件，包含了产品概述、测试策略、测试方法、测试区域、测试配置、测试周期、测试资源、测试交流、风险分析等内容。借助软件测试计划，参与测试的项目成员，尤其是测试管理人员，可以明确测试任务和测试方法，保持测试实施过程的顺畅沟通，跟踪和控制测试进度，应对测试过程中的各种变更。

2. 测试计划考虑的问题

（1）要充分考虑测试计划的实用性，即测试计划与实际之间的接近程度和可操作性（必须对需求有透彻的理解）。编写测试计划的目的在于充分考虑执行测试时的各种资源，包括测试内容、测试标准、时间资源、人力资源等，准确地说，是要分析执行时所能够调用的一切资源以及受各种条件限制，可能受到的各种影响。说得再明确一点就是要"计划""如何"去做"测试工作"，而不是"如何编写测试计划"。

① 测试内容：对一个软件来说，测试计划中会明确本次测试做哪些测试，如系统测试：在整个系统测试中会有界面测试、功能测试、性能测试、兼容性测试、安装卸载测试、可靠性测试等测试。

② 测试目的：一般多为保证产品质量是否达到预期的指标。这个指标也就是在测试中定义的结束标准。

③ 测试标准：需要考虑本次测试需要输入哪些文档，该项目结束标准定义及测试结束标准的定义如何，Bug 级别定义、优先级定义、Bug 管理流程定义。这个都需要在执行测试时明确。计划中应该包含这些内容。

④ 资源分配：这里分为人力资源、软硬件资源等划分。一般会把人力资源的利用写入一个测试人员任务分配表里，按照不同的阶段，每个阶段提交相应的成果（难度很大）。软硬件资源中的分配主要是指在做计划时考虑到需要多少电脑或别的工具，列出清单。

⑤ 测试风险：大多考虑到的就是项目开发延期、测试人员不足用例无法全面覆盖测试点、时间不足用例无法全部执行、bug 无法及时修改导致无法验证、测试人员技能不足导致测试进度拉长。

⑥ 软件测试策略一般都是分开来做相关测试方案的。

（2）要坚持"5W1H"的原则，明确测试内容与过程。

① 明确测试的范围和内容（What）。

② 明确测试的目的（Why）。

③ 明确测试开始和结束的日期（When）。

④ 明确给出测试文档的存放位置（Where）。

⑤ 明确测试人员的任务分配（Who）。

⑥ 明确指出测试的方法和测试工具（How）。

2.2.3　网上商城购物系统测试计划

1. 工作任务描述

掌握测试计划的编写规范，测试计划的内容、格式、规则、初步设计测试计划。

2. 工作过程

具体过程见表 2-1。

表 2-1 网上购物系统的测试计划

表 2-1　　　　　　　　　　修订历史记录

日期	版本	说明	作者
2014-6-2	V1.0	产品发布前，依据产品需求说明书制订本计划	刘佳

目　录

一、概述

1. 测试目的

网上购物系统的这一"测试计划"文档的目的如下。

（1）提供一个对项目软件进行测试的总体安排和进度计划，确定现有项目的信息和应测试软件的构件。

（2）标明推荐的测试需求（高层次）。

（3）推荐可采用的测试策略，并对这些策略加以说明。

（4）确定所需的资源，并对测试的工作量进行估计。

（5）列出测试项目的可交付元素。

2. 测试背景

（1）项目测试的背景：网上购物系统是一个营业单位不可缺少的部分，它的内容对于购物者和管理者来说都至关重要。所以网上购物系统应该能够为用户提供充足的信息和快捷的购买手段。随着商品经济的发展及人们消费水平的提高，还有信息时代的飞跃，越来越多的人爱上了网购，从而催生了网上购物系统的诞生。它为人们购物带来了方便快捷。

（2）该开发项目的历史，列出用户和执行此项目测试的机构或人群，该项目前后经历 3 个阶段：前期设计阶段、开发阶段、软件的测试阶段。项目的用户针对的是网上购物的广大群众和管理员，系统的功能测试主要由专业的软件测试人员进行。

3. 测试范围

网上购物系统采用的是黑盒测试的方式对系统进行测试，主要测试软件的功能是否满足用户的需求，性能是否优越以及系统所存在的问题。对系统的各个模块进行详细的测试，并记录测试的结果，对测试的结果进行细致的分析处理。测试时对系统的各个功能模块进行拆分测试，并且每一个模块都要测试到。对所有可能的结果尽最大可能都测试到，并对测试过程中存在的问题进行分析，然后提交测试的记录并督促开发人员进行修复，最后，对软件存在的问题以及性能的测试进行全面分析，给予记录并解决。

在测试的过程中需要提出各个问题的假设，以及根据需求报告文档中存在的项目和用户的需求来改善系统。列出可能会影响测试设计、开发或实施的所有风险、意外事件或所有约束。

测试计划和设计：根据需求规格说明书和最终的系统设计，制订测试计划、测试方案，包括收集测试方法、测试用例、可能用到的测试工具等。

单元测试：对各个模块的源代码进行测试，保证各模块基本功能能够正确实现。

集成测试：将各个模块进行组合测试，保证所有的功能都能够正确地实现。

系统测试：根据《需求规格说明书》对软件进行功能测试，对重点的模块进行性能测试，并结合可能的用户测试。

验收测试：根据用户手册对功能进行检查，复查报告库中的所有 Bug，对 Release 版本进行安装测试。

4. 使用文档

表 2-2 列出了制定测试计划所用的文档，并标明了文档的可用性。

表 2-2   测试计划所用文档列表

文档名称	已创建或可用	已被接受或已经过复审	作者或来源	备注
需求规约	∨ 是 □ 否	∨ 是 □ 否	张竞	
功能性规约	∨ 是 □ 否	∨ 是 □ 否	张竞	
用例报告	□ 是 ∨ 否	□ 是 ∨ 否	张竞	
项目计划	∨ 是 □ 否	∨ 是 □ 否	张竞	
设计规约	∨ 是 □ 否	∨ 是 □ 否	张竞	
原型	∨ 是 □ 否	∨ 是 □ 否	张竞	
用户手册	□ 是 ∨ 否	□ 是 ∨ 否	张竞	
业务模型或业务流程	∨ 是 □ 否	∨ 是 □ 否	张竞	
数据模型或数据流	∨ 是 □ 否	∨ 是 □ 否	张竞	
业务功能和业务规则	∨ 是 □ 否	∨ 是 □ 否	张竞	
项目或业务风险评估	∨ 是 □ 否	∨ 是 □ 否	张竞	

5. 限制条件

本次测试计划受限于开发人员提交测试的内容和提交时间。根据开发人员提交模块的实际情况，本计划会做出相应修改。

二、测试摘要

1. 测试目标

通过测试，达到以下目标。

① 测试已实现的产品是否达到设计的要求，包括各个功能是否已实现，业务流程是否正确。

② 产品是否运行稳定，系统性能是否在可接受范围。

③ Bug 数和缺陷率是否控制在可接受的范围之内，产品能否发布。

2. 资源和工具

（1）资源

① 系统资源

此时并不完全了解测试系统的具体元素。建议让系统模拟生产环境，并在适当的情况下减小访问量和数据库大小（见表 2–3）。

表 2-3　　　　　　　　　　　　　　　系统资源说明表

资　源	名称/类型
数据库服务器/配置	local Server：2G 内存、40G SCSI 硬盘
网络或子网	192.168.10.31
—服务器名服务器名	Xxx27
—数据库名	db_eshop
客户端测试 PC	P4，主频 1.6G 以上，硬盘 40G，内存 2G
—网络或子网	192.168.10.31
—服务器名服务器名	Xxx27
测试开发 PC	P4，主频 1.6G 以上，硬盘 40G，内存 2G

② 人力资源

表 2–4 列出了在此项目的人员配备方面所作的各种假定。

表 2-4　　　　　　　　　　　　　　　人力资源说明表

角色	人员	具体职责或注释
测试项目经理	刘佳	负责拟定软件项目的测试计划和方案，提供测试技术指导，组织测试资源，安排测试计划实施，提交测试分析报告，总结整个测试活动
测试工程师	张跃	参与制订测试计划，生成测试模型，在面向对象的设计系统中确定并定义测试类的操作、属性和关联关系，确定测试用例，指导测试实施，参与测试评估和测试分析报告的编写
测试员	肖明	执行实施测试，填写测试记录，记录结果和缺陷

（2）工具

① 测试管理工具：Test Manager。

② 链接检测工具：Xenu。

③ 自动化性能测试工具：LoadRunner。

3. 送测要求

提交的测试产品按表 2-5 所示要求进行。

表 2-5　　　　　　　　　　　　　　　测试产品要求说明

步骤	动作	负责人	相关文档或记录	要求
1	打包、编译	开发人员	无	确认可测试
2	审核并提交测试	产品经理	审核报告	产品经理审核并签字
3	收到测试	测试负责人	接受任务单	确认产品有无重大缺陷，是否可以继续测试
4	执行测试	测试负责人	Bug 记录、测试总结报告	对产品质量做出评价

4. 测试种类

计划完成以下类型测试：

- 功能测试；
- 界面测试；
- 连接测试；
- 兼容性测试；
- 性能测试。

三、测试风险

本次测试过程，受以下条件制约：

- Bug 的修复情况；
- 模块功能的实现情况；
- 代码编写的质量；
- 人员经验以及对软件的熟悉度；
- 人员调整导致研发周期延迟；
- 测试时间的缩短导致某些测试计划无法执行。

四、暂停标准和再启动要求

- 冒烟测试，发现一级错误（大于等于 1）、二级错误（大于等于 2）暂停测试返回开发；
- 软件项目需要暂停以进行调整时，测试应随之暂停，并备份暂停点数据；
- 软件项目在其开发生命周期内出现重大估算、进度偏差而暂停或终止时，测试应随之暂停或终止，并备份暂停或终止点数据；
- 如有新的项目要求，则在原测试计划下做相应的调整；
- 若开发暂停，则相应测试也暂停，并备份暂停点数据；
- 若项目中止，则对已完成的测试工作做测试活动总结；
- 项目再启动时，测试进度重新安排或顺延。

五、测试任务和进度

执行测试任务并填写表 2-6。

表 2-6　　　　　　　　　　　测试任务及时间分配表

测试阶段	测试任务	工作量估计	起止时间
第一阶段	功能测试	2 日	
第二阶段	界面测试	1 日	
第三阶段	连接测试	1 日	
第四阶段	兼容性测试	1 日	
第五阶段	性能测试	2 日	
第六阶段	测试总结	1 日	

六、测试提交物

本次测试需要提交：

- 测试计划；
- 测试用例；
- 缺陷记录；
- 测试总结。

编制人：刘 佳

编制日期：2014-6-2

2.2.4　拓展任务

请参考"网上购物系统"的测试计划（见附件 2），为"超市管理系统"编写测试计划。

附件 2：测试计划模板

<公司名称>

项目开发单位：
项目使用单位：
项目测试单位：

测试计划

拟制人		日期	
审核人		日期	
批准人		日期	

修订历史记录

日期	版本	说明	作者
<日 / 月/年>	<x.x>	<详细信息>	<姓名>

目录

工具
资源
　　角色
　　系统
项目里程碑及风险分析
可交付工件
　　测试文档
　　测试日志
　　缺陷报告及处理
测试管理及任务
　　接收测试的条件
　　测试时间安排
　　测试过程控制
　　测试评审与通过标准

测试计划

简介

目的

<项目名称> 的这一"测试计划"文档有助于实现以下目标：

● 确定现有项目的信息和应测试的软件构件；
● 列出推荐的测试需求；
● 推荐可采用的测试策略，并对这些策略加以说明；
● 确定所需的资源，并对测试的工作量进行估计；
● 列出测试项目的可交付元素；
● 明确测试管理过程及测试任务。

背景

[输入测试对象（组件、应用程序、系统等）及其目标的简要说明。需要包括的信息有：主要的功能和特性、测试对象的构架以及项目的简史。]

范围

[描述测试的各个阶段，如单元测试、集成测试或系统测试，并说明本计划所针对的测试类型（如功能测试或性能测试）。简要地列出测试对象中将接受测试或将不接受测试的那些特性和功能。

如果在编写此文档的过程中做出的某些假设可能会影响测试设计、开发或实施，则列出所有这些假设。

列出可能会影响测试设计、开发或实施的所有风险或意外事件。

列出可能会影响测试设计、开发或实施的所有约束。]

参考文档

表 2-7 列出了制订测试计划所用的文档，并标明了文档的可用性。

表2-7　　　　　　　　　　　[注：可以视情况删除或添加项目。]

文档 （版本/日期）	已创建或可用	已被接受或已经 过复审	作者或来源	备注
需求规约	□ 是　□ 否	□ 是　□ 否		
功能性规约	□ 是　□ 否	□ 是　□ 否		
用例报告	□ 是　□ 否	□ 是　□ 否		
项目计划	□ 是　□ 否	□ 是　□ 否		
设计规约	□ 是　□ 否	□ 是　□ 否		
原型	□ 是　□ 否	□ 是　□ 否		
用户手册	□ 是　□ 否	□ 是　□ 否		
业务模型或业务流程	□ 是　□ 否	□ 是　□ 否		
数据模型或数据流	□ 是　□ 否	□ 是　□ 否		
业务功能和业务规则	□ 是　□ 否	□ 是　□ 否		
项目或业务风险评估	□ 是　□ 否	□ 是　□ 否		

测试需求

下面列出了已被确定为测试对象的项目（用例、功能性需求和非功能性需求）。此列表说明了测试的对象。

[在此处输入一个主要测试需求的高层次列表。]

测试策略

[测试策略提供了推荐用于测试对象的方法。上一节"测试需求"中说明了将要测试哪些对象，而本部分则要说明如何对测试对象进行测试。

对于每种测试，都应提供测试说明，并解释其实施和执行的原因。

如果不实施和执行某种测试，则应该用一句话加以说明，并陈述这样做的理由。例如，"将不实施和执行该测试……该测试不合适。"

制订测试策略时所考虑的主要事项有：将要使用的方法以及判断测试何时完成的标准。

下面列出了在进行每项测试时需考虑的事项，除此之外，测试还只应在安全的环境中使用已知的、受控的数据库来执行，可按实际需要进行删减。]

测试类型

数据和数据库完整性测试

[数据库和数据库进程应作为<项目名称>中的子系统来进行测试。

在测试这些子系统时，不应将测试对象的用户界面用作数据的接口。对于数据库管理系统（DBMS），还需要进行深入的研究，以确定可以支持以下测试的工具和方法，见表2-8]

表 2-8

测试目标	[确保数据库访问方法和进程正常运行，数据不会遭到损坏]
方法	• [调用各个数据库访问方法和进程,并在其中填充有效的和无效的数据或对数据的请求] • [检查数据库，确保数据已按预期的方式填充，并且所有数据库事件都按正常方式出现；或者检查所返回的数据，确保为正当的理由检索到了正确的数据]
完成标准	[所有的数据库访问方法和进程都按照设计的方式运行，数据没有遭到损坏]
需考虑的特殊事项	• [测试可能需要 DBMS 开发环境或驱动程序以便在数据库中直接输入或修改数据] • [进程应该以手工方式调用] • [应使用小型或最小的数据库（其中的记录数很有限）来使所有无法接受的事件具有更大的可见性]

功能测试

[测试对象的功能测试应该侧重于可以被直接追踪到用例或业务功能和业务规则的所有测试需求。这些测试的目标在于核实能否正确地接受、处理和检索数据以及业务规则是否正确实施。这种类型的测试基于黑盒方法，即通过图形用户界面 (GUI) 与应用程序交互并分析输出结果来验证应用程序及其内部进程。表 2-9 列出的是每个应用程序推荐的测试方法概要。]

表 2-9

测试目标	[确保测试对象的功能正常，其中包括导航、数据输入、处理和检索等]
方法	[利用有效的和无效的数据来执行各个用例、用例流或功能，以核实以下内容： • 在使用有效数据时得到预期的结果 • 在使用无效数据时显示相应的错误消息或警告消息 • 各业务规则都得到了正确的应用]
完成标准	• [所计划的测试已全部执行] • [所发现的缺陷已全部解决]
需考虑的特殊事项	[确定或说明那些将对功能测试的实施和执行造成影响的事项或因素（内部的或外部的）]

业务周期测试

[业务周期测试应模拟在一段时间内对 <项目名称> 执行的活动。应先确定一段时间（如 1 年），然后执行将在该时段内发生的事务和活动。这种测试包括所有的每日、每周和每月的周

期，以及所有与日期相关的事件，如备忘录。见表 2-10。]

表 2-10

测试目标	[确保测试对象及后台进程都按照所要求的业务模型和时间表正确运行]
方法	[通过执行以下活动，测试将模拟若干个业务周期： • 将修改或增强对测试对象进行的功能测试，以增加每项功能的执行次数，从而在指定的时段内模拟若干个不同的用户 • 将使用有效的和无效的日期或时段来执行所有与时间或日期相关的功能 • 将在适当的时候执行或启动所有周期性出现的功能 • 在测试中还将使用有效的和无效的数据，以核实以下内容： • 在使用有效数据时得到预期的结果 • 在使用无效数据时显示相应的错误消息或警告消息 • 各业务规则都得到了正确的应用]
完成标准	• [所计划的测试已全部执行。] • [所发现的缺陷已全部解决。]
需考虑的特殊事项	• [系统日期和事件可能需要特殊的支持活动] • [需要通过业务模型来确定相应的测试需求和测试过程]

用户界面测试

[通过用户界面 (UI) 测试来核实用户与软件的交互。UI 测试的目标在于确保用户界面向用户提供了适当的访问和浏览测试对象功能的操作。除此之外，UI 测试还要确保 UI 功能内部的对象符合预期要求，并遵循公司或行业的标准。见表 2-11。]

表 2-11

测试目标	[核实以下内容： • 通过浏览测试对象可正确反映业务的功能和需求，这种浏览包括窗口与窗口之间、字段与字段之间的浏览，以及各种访问方法（Tab 健、鼠标移动和快捷键）的使用 • 窗口的对象和特征（例如，菜单、大小、位置、状态和中心）都符合标准]
方法	[为每个窗口创建或修改测试，以核实各个应用程序窗口和对象都可正确地进行浏览，并处于正常的对象状态]
完成标准	[证实各个窗口都与基准版本保持一致，或符合可接受标准]
需考虑的特殊事项	[并不是所有定制或第三方对象的特征都可访问]

性能评价

[性能评价是一种性能测试，它对响应时间、事务处理速率和其他与时间相关的需求进行评

测和评估。性能评价的目标是核实性能需求是否都已满足。实施和执行性能评价的目的是将测试对象的性能行为当作条件（如工作量或硬件配置）的一种函数来进行评价和微调。

注：表 2-12 所示事务均指"逻辑业务事务"。这种事务被定义为将由系统的某个主角通过使用测试对象来执行的特定用例，例如，添加或修改某个合同。]

表 2-12

测试目标	[核实所指定的事务或业务功能在以下情况下的性能行为： • 正常的预期工作量 • 预期的最繁重工作量]
方法	• [使用为功能或业务周期测试制订的测试过程。 • [通过修改数据文件来增加事务数量，或通过修改脚本来增加每项事务的迭代次数。] • [脚本应该在一台计算机上运行（最好是以单个用户、单个事务为基准），并在多台客户机（虚拟的或实际的客户机，请参见下面的"需考虑的特殊事项"）上重复。]
完成标准	• [单个事务或单个用户：在每个事务所预期或要求的时间范围内成功地完成测试脚本，没有发生任何故障。] • [多个事务或多个用户：在可接受的时间范围内成功地完成测试脚本，没有发生任何故障。]
需考虑的特殊事项	[综合的性能测试还包括在服务器上添加后台工作量。可采用多种方法来执行此操作，其中包括： • 直接将"事务强行分配到"服务器上，这通常以"结构化查询语言"(SQL) 调用的形式来实现 • 通过创建"虚拟的"用户负载来模拟许多个（通常为数百个）客户机。此负载可通过"远程终端仿真"(Remote Terminal Emulation) 工具来实现。 此技术还可用于在网络中加载"流量" • 使用多台实际客户机（每台客户机都运行测试脚本）在系统上添加负载] [性能测试应该在专用的计算机上或在专用的机时内执行，以便实现完全的控制和精确的评测] [性能测试所用的数据库应该是与实际大小相同或等比例缩放的数据库]

负载测试

[负载测试是一种性能测试。在这种测试中，将使测试对象承担不同的工作量，以评测和评估测试对象在不同工作量条件下的性能行为，以及持续正常运行的能力。负载测试的目标是确定并确保系统在超出最大预期工作量的情况下仍能正常运行。此外，负载测试还要评估性能特征，例如，响应时间、事务处理速率和其他与时间相关的方面。]

[注：表 2-13 所示事务均指"逻辑业务事务"。这些事务被定义为将由系统的最终用户通过使用应用程序来执行的具体功能，例如，添加或修改某份合同。]

表 2-13

测试目标	[核实所指定的事务或商业理由在不同的工作量条件下的性能行为时间]
方法	• [使用为功能或业务周期测试制订的测试] [通过修改数据文件来增加事务数量，或通过修改测试来增加每项事务发生的次数]
完成标准	[多个事务或多个用户：在可接受的时间范围内成功地完成测试，没有发生任何故障]
需考虑的特殊事项	• [负载测试应该在专用的计算机上或在专用的机时内执行，以便实现完全的控制和精确的评测] • [负载测试所用的数据库应该是与实际大小相同或等比例缩放的数据库]

强度测试

[强度测试是一种性能测试，实施和执行此类测试的目的是找出因资源不足或资源争用而导致的错误。如果内存或磁盘空间不足，测试对象就可能会表现出一些在正常条件下并不明显的缺陷。而其他缺陷则可能由于争用共享资源（如数据库锁或网络带宽）而造成。强度测试还可用于确定测试对象能够处理的最大工作量。]

[注：表 2-14 所提到的事务都是指逻辑业务事务。]

表 2-14

测试目标	[核实测试对象能够在以下强度条件下正常运行，不会出现任何错误： • 服务器上几乎没有或根本没有可用的内存（RAM 和 DASD） • 连接或模拟了最大实际（或实际可承受）数量的客户机 • 多个用户对相同的数据/账户执行相同的事务 • 最繁重的事务量或最差的事务组合（请参见前文的"性能测试"） 注：强度测试的目标还可表述为确定和记录那些使系统无法继续正常运行的情况或条件 客户机的强度测试在"配置测试"进行了说明]
方法	• [使用为性能评价或负载测试制订的测试] • [要对有限的资源进行测试，就应该在一台计算机上运行测试，而且应该减少或限制服务器上的 RAM 和 DASD] • [对于其他强度测试，应该使用多台客户机来运行相同的测试或互补的测试，以产生最繁重的事务量或最差的事务组合]
完成标准	[所计划的测试已全部执行，并且在达到或超出指定的系统限制时没有出现任何软件故障，或者导致系统出现故障的条件并不在指定的条件范围之内]
需考虑的特殊事项	• [如果要增加网络工作强度，可能会需要使用网络工具来给网络加载消息或信息包] • [应该暂时减少用于系统的 DASD，以限制数据库可用空间的增长] • [使多个客户机对相同的记录或数据账户同时进行的访问达到同步]

容量测试

[容量测试使测试对象处理大量的数据，以确定是否达到了将使软件发生故障的极限。容量测试还将确定测试对象在给定时间内是否能够持续处理的最大负载或工作量。例如，如果测试对象正在为生成一份报表而处理一组数据库记录，那么容量测试就会使用一个大型的测试数据库，检验该软件是否正常运行并生成了正确的报表。见表 2-15。]

表 2-15

测试目标	[核实测试对象在以下大容量条件下能否正常运行： • 连接（或模拟了）最大（实际或实际可承受）数量的客户机，所有客户机在长时间内执行相同的、且情况（性能）最差的业务功能 • 已达到最大的数据库大小（实际的或按比例缩放的），而且同时执行了多个查询或报表事务]
方法	• [使用为性能评价或负载测试制订的测试] • [应该使用多台客户机来运行相同的测试或互补的测试，以便在长时间内产生最繁重的事务量或最差的事务组合（参见"强度测试"）] • [创建最大的数据库大小（实际的、按比例缩放的或输入了代表性数据的数据库），并使用多台客户机在长时间内同时运行查询和报表事务]
完成标准	• [所计划的测试已全部执行，而且在达到或超出指定的系统限制时没有出现任何软件故障]
需考虑的特殊事项	[得出对于上述的大容量条件，哪个时段是可以接受的时间]

安全性和访问控制测试

[安全性和访问控制测试侧重于安全性的两个关键方面：
- 应用程序级别的安全性，包括对数据或业务功能的访问；
- 系统级别的安全性，包括对系统的登录或远程访问。

应用程序级别的安全性可确保：在预期的安全性情况下，主角只能访问特定的功能或用例，或者只能访问有限的数据。例如，可能会允许所有人输入数据，创建新账户，但只有经理才能删除这些数据或账户。如果具有数据级别的安全性，测试就可确保"用户类型一"能够看到所有客户信息（包括财务数据），而"用户类型二"只能看见同一客户的统计数据。

系统级别的安全性可确保只有具备系统访问权限的用户才能访问应用程序，而且只能通过相应的网关来访问。见表 2-16。]

表 2-16

测试目标	应用程序级别的安全性：[核实主角只能访问其所属用户类型已被授权使用的功能或数据] 系统级别的安全性：[核实只有具备系统和应用程序访问权限的主角才能访问系统和应用程序]

方法	应用程序级别的安全性：[确定并列出各用户类型及其被授权使用的功能或数据] • [为各用户类型创建测试，并通过创建各用户类型所特有的事务来核实其权限] •[修改用户类型并为相同的用户重新运行测试。对于每种用户类型，确保正确地提供或拒绝了这些附加的功能或数据] • 系统级别的访问：[参见下面的"需考虑的特殊事项"]
完成标准	[各种已知的主角类型都可访问相应的功能或数据，而且所有事务都按照预期的方式运行，并在先前的应用程序功能测试中运行了所有的事务]
需考虑的特殊事项	[必须与相应的网络或系统管理员一起对系统访问权进行检查和讨论。由于此测试可能是网络管理或系统管理的职能，可能不需要执行此测试]

故障转移和恢复测试

[故障转移和恢复测试可确保测试对象能成功完成故障转移，并从硬件、软件或网络等方面的各种故障中进行恢复，这些故障导致数据意外丢失或破坏了数据的完整性。

故障转移测试可确保：对于必须始终保持运行状态的系统来说，如果发生了故障，那么备选或备份的系统就适当地将发生故障的系统"接管"过来，而且不会丢失任何数据或事务。

恢复测试是一种相反的测试流程。其中，将应用程序或系统置于极端的条件下（或者是模仿的极端条件下），以产生故障，如设备输入/输出 (I/O) 故障或无效的数据库指针和关键字。启用恢复流程后，将监测和检查应用程序和系统，以核实应用程序或系统是正确无误的，或数据已得到了恢复。见表 2–17。]

表 2–17

测试目标	[确保恢复进程（手工或自动）将数据库、应用程序和系统正确地恢复到了预期的已知状态。测试中将包括以下各种情况： • 客户机断电 • 服务器断电 • 通过网络服务器产生的通信中断 • DASD 和/或 DASD 控制器被中断、断电或与 DASD 和/或 DASD 控制器的通信中断 • 周期未完成（数据过滤进程被中断，数据同步进程被中断） • 数据库指针或关键字无效 • 数据库中的数据元素无效或遭到破坏]
方法	[应该使用为功能和业务周期测试创建的测试来创建一系列的事务。一旦达到预期的测试起点，就应该分别执行或模拟以下操作： • 客户机断电：关闭 PC 的电源。 • 服务器断电：模拟或启动服务器的断电过程。 • 通过网络服务器产生的中断：模拟或启动网络的通信中断（实际断开通信线路的连接或关闭网络服务器或路由器的电源）。

方法	• DASD 和 DASD 控制器被中断、断电或与 DASD 和 DASD 控制器的通信中断：模拟与一个或多个 DASD 控制器或设备的通信，或实际取消这种通信 一旦实现了上述情况（或模拟情况），就应该执行其他事务。而且一旦达到第 2 个测试点状态，就应调用恢复过程。 在测试不完整的周期时，所使用的方法与上述方法相同，只不过应异常终止或提前终止数据库进程本身。 对以下情况的测试需要达到一个已知的数据库状态。当破坏若干个数据库字段、指针和关键字时，应该以手工方式在数据库中（通过数据库工具）直接进行。其他事务应该通过使用"应用程序功能测试"和"业务周期测试"中的测试来执行，并且应执行完整的周期]
完成标准	[在所有上述情况中，应用程序、数据库和系统应该在恢复过程完成时立即返回到一个已知的预期状态。此状态包括仅限于已知损坏的字段、指针或关键字范围内的数据损坏，以及表明进程或事务因中断而未被完成的报表]
需考虑的特殊事项	• [恢复测试会给其他操作带来许多麻烦。断开缆线连接的方法（模拟断电或通信中断）并不可取或不可行。所以，可能会需要采用其他方法，如诊断性软件工具] • [需要系统（或计算机操作）、数据库和网络组中的资源] • [这些测试应该在工作时间之外或在一台独立的计算机上运行]

配置测试

[配置测试核实测试对象在不同的软件和硬件配置中的运行情况。在大多数生产环境中，客户机工作站、网络连接和数据库服务器的具体硬件规格会有所不同。客户机工作站可能会安装不同的软件，例如，应用程序、驱动程序等。而且在任何时候，都可能运行许多不同的软件组合，从而占用不同的资源。见表 2-18。]

表 2-18

测试目标	[核实测试对象可在要求的硬件和软件配置中正常运行]
方法	• [使用功能测试脚本] • [在测试过程中或在测试开始之前，打开各种与非测试对象相关的软件（如 Microsoft 应用程序：Excel 和 Word），然后将其关闭] • [执行所选的事务，以模拟主角与测试对象软件和非测试对象软件之间的交互] • [重复上述步骤，尽量减少客户机工作站上的常规可用内存]
完成标准	[对于测试对象软件和非测试对象软件的各种组合，所有事务都成功完成，没有出现任何故障]
需考虑的特殊事项	• [需要、可以使用并可以通过桌面访问哪种非测试对象软件] • [通常使用的是哪些应用程序] • [应用程序正在运行什么数据？例如，在 Excel 中打开的大型电子表格，或是在 Word 中打开的 100 页文档] • [作为此测试的一部分，应将整个系统、Netware、网络服务器、数据库等都记录下来]

安装测试

[安装测试有两个目的。第一个目的是确保该软件能够在所有可能的配置下进行安装,例如,进行首次安装、升级、完整的或自定义的安装,以及在正常和异常情况下安装。异常情况包括磁盘空间不足、缺少目录创建权限等。第二个目的是核实软件在安装后可立即正常运行,这通常是指运行大量为功能测试制订的测试。见表 2-19。]

表 2-19

测试目标	[核实在以下情况下,测试对象可正确地安装到各种所需的硬件配置中: • 首次安装,以前从未安装过 <项目名称> 的新计算机 • 更新,以前安装过相同版本的 <项目名称> 的计算机 • 更新,以前安装过较早版本的 <项目名称> 的计算机]
方法	• [手工开发脚本或开发自动脚本,以验证目标计算机的状况——新<项目名称> 从未安装过;已安装 <项目名称> 相同或较早版本)] • [启动或执行安装] • [使用预先确定的功能测试脚本子集来运行事务]
完成标准	<项目名称> 事务成功执行,没有出现任何故障
需考虑的特殊事项	[应该选择 <项目名称> 的哪些事务才能准确地测试出 <项目名称> 应用程序已经成功安装,而且没有遗漏主要的软件构件]

工具

此项目将使用表 2-20 所示工具。

[注:可以视情况删除或添加项目。]

表 2-20

	工具	厂商/自行研制	版本
测试管理			
缺陷跟踪			
测试覆盖监测器或评价器			
项目管理			
DBMS 工具			

资源

[本节列出推荐 <项目名称> 项目使用的资源,及其主要职责、知识或技能。]

角色

表 2-21 列出了在此项目的人员配备方面所做的各种假定。

[注:可视情况删除或添加项目。]

表 2-21

人力资源		
角色	推荐的最少资源 （所分配的专职角色数量）	具体职责或注释
测试经理、 测试项目经理		进行管理监督 职责： • 提供技术指导 • 获取适当的资源 • 提供管理报告
测试设计员		确定测试用例、确定测试用例的优先级并实施测试用例 职责： • 生成测试计划 • 生成测试模型 • 评估测试工作的有效性
测试员		执行测试 职责： • 执行测试 • 记录结果 • 从错误中恢复 • 记录变更请求
测试系统管理员		确保测试环境和资产得到管理和维护 职责： • 管理测试系统 • 授予和管理角色对测试系统的访问权
数据库管理员		确保测试数据（数据库）环境和资产得到管理和维护 职责： • 管理测试数据（数据库）
设计员		确定并定义测试类的操作、属性和关联 职责： • 确定并定义测试类 • 确定并定义测试包
实施员		实施测试类和测试包，并对它们进行单元测试 职责： • 创建在测试模型中实施的测试类和测试包

系统

表 2-22 列出了测试项目所需的系统资源。

[此时并不完全了解测试系统的具体元素。建议让系统模拟生产环境，并在适当的情况下减小访问量和数据库大小。]

[注：可以视情况删除或添加项目。]

表 2-22

系统资源	
资源	名称/类型
数据库服务器	
网络或子网	TBD
服务器名	TBD
数据库名	TBD
客户端测试 PC	
包括特殊的配置需求	TBD
测试存储库	
网络或子网	TBD
服务器名	TBD
测试开发 PC	TBD

项目里程碑及风险分析

[对 <项目名称> 的测试应包括上面各部分所述的各项测试的测试活动。应该为这些测试确定单独的项目里程碑，以通知项目的状态和成果。见表 2-23 及表 2-24。]

表 2-23

里程碑任务	工作量	开始日期	结束日期
制订测试计划			
设计测试			
实施测试			
执行测试			
评估测试			

表 2-24

序号	风险描述	解决方法
1	需求分析不全面	评估没有完成的功能，从重要性和时间允许两方面考虑是否放弃
2	开发不能按期完成	跟踪开发进度，及时调整测试时间安排
3	系统的可测性差	
4	模块功能改变	积极与开发人员沟通，重新进行测试任务的分配
5	测试环境与开发环境不同步	加强版本管理，数据库版本管理，定期进行测试数据的更新
6	新人的上手时间	在项目前期加强对新人的培训，测试人员尽早熟悉产品

可交付工件

[本节列出了将要创建的各种文档、工具和报告，及其创建人员、交付对象和交付时间。]
测试文档
[本节确定将要通过测试创建并提交的文档。]
测试日志
[说明用来记录和报告测试结果和测试状态的方法和工具。]
缺陷报告及处理
[本节确定用来记录、跟踪和报告测试中发生的意外情况及其状态的方法和工具。]

测试管理及任务

接收测试的条件
测试时间安排
测试过程控制
测试工作周报及例会
在项目实施阶段，定期组织项目参与人员进行测试 Review，每位测试人员介绍各自的测试情况，并听取开发人员的反馈意见，以掌握测试进度、测试完成情况，及时调整测试重点。
测试评审与通过标准
执行测试过程：

● 评估测试的执行情况
● 恢复暂停的测试
● 核实结果
● 调查意外结果

- 记录缺陷

评估测试：

- 评估测试用例覆盖
- 评估代码覆盖
- 分析缺陷
- 确定是否达到了测试完成标准与成功标准

本章小结

本章首先介绍了测试工作中的各个流程和相对应的文档，然后引出本章的重点内容——测试计划的编写。测试计划是测试工作中第一个阶段编写的文档，也是奠定整个测试工作成败的文档，因此必须要非常重视。本章详细介绍了测试计划的编写及"5W1H"原则，并且结合本书的具体案例，带领读者具体编写了一份测试计划。最后，在拓展任务中要求用户仿照模板编写测试计划。

思考与练习

一、填空题

1. _____是整个测试过程中最重要的阶段，为实现可管理且高质量的测试过程提供基础。

2. 测试设计主要的工作是依据_____，设计相应的_____。

3. _____是测试计划贯彻实施的保证，是_____的必然过程，严格地测试执行使测试工作不会半途而废。

4. 在实际测试中，软件环境又可分为_____和_____。

5. 执行测试用例时，要详细记录软件系统的_____，仔细对比_____和_____是否一致。

6. 测试工作中的各个流程包括_____、_____、_____、_____等四个部分。

7. 主要测试文档包括_____、_____、_____、_____等。

二、简答题

1. 简述编写测试计划时要考虑的问题。

2. 简述编写软件测试计划要坚持"5W1H"的原则。

答案

一、填空题

1. 测试计划是整个测试过程中最重要的阶段，为实现可管理且高质量的测试过程提供基础。

2. 测试设计主要的工作是依据软件规格说明，设计相应的测试大纲（用例）。

3. 测试执行是测试计划贯彻实施的保证，是测试用例实现的必然过程，严格地测试执行使测试工作不会半途而废。

4. 在实际测试中，软件环境又可分为主测试环境和辅测试环境。

5. 执行测试用例时，要详细记录软件系统的实际输入输出，仔细对比实际输入和测试用例中的期望输入是否一致。

6. 测试工作中的各个流程包括 测试计划、测试设计、测试执行、测试总结 等四个部分。

7. 主要测试文档包括 测试计划、测试用例、软件问题报告、归纳、统计和总结 等。

二、简答题

1. 简述编写测试计划时要考虑的问题。

要充分考虑测试计划的实用性，即测试计划与实际之间的接近程度和可操作性（必须对需求有透彻的理解）。编写测试计划的目的在于充分考虑执行测试时 的各种资源，包括测试内容、测试标准、时间资源、人力资源等等，准确地说是要分析执行时所能够调用的一切资源以及受各种条件限制，可能受到的各种影响。说的再明确一点就是要"计划""如何"去做"测试工作"，而不是"如何编写测试计划"。

（1）测试内容：对一个软件来说测试计划中会明确本次测试做哪些测试？如：系统测试：在整个系统测试中会有（界面测试、功能测试、性能测试、兼容性测试、安装卸载测试、可靠性测试等测试）

（2）测试目的：一般多为保证产品质量是否达到预期的指标。这个指标也就是在测试中定义的结束标准。

（3）测试标准：需要考虑本次测试需要输入那些文档，该项目结束标准定义、测试结束标准的定义、bug 级别定义、优先级定义、bug 管理流程定义。这个都需要在执行测试事明确。计划中应该包含这些内容。

（4）资源分配：这里分为人力资源、软硬件资源等划分。一般会把人力资源的利用写入一个测试人员任务分配表里，按照不同的阶段，每个阶段提交相应的成果（难度很大）。软硬件资源中主要是在做计划时考虑到需要多少电脑或别的工具，列出清单。

（5）测试风险：大多考虑到的就是项目开发延期、测试人员不足用例无法全面覆盖测试点、时间不足用例无法全部执行、bug 无法及时修改导致无法验证、测试人员技能不足导致测试进度拉长。

（6）软件测试策略一般都是分开来做相关测试方案。

2. 简述编写软件测试计划要坚持"5W1H"的原则。

（1）明确测试的范围和内容（WHAT）；

（2）明确测试的目的（WHY）；

（3）明确测试的开始和结束日期（WHEN）；

（4）明确给出测试文档存放位置（WHERE）；

（5）明确测试人员的任务分配（WHO）；

（6）明确指出测试的方法和测试工具（HOW）。

第 3 章
测试用例设计

教学提示： 在软件测试中，设计测试用例是整个过程的核心，起着非常关键的作用，也是测试执行环节的基本依据。测试用例的设计是每个测试工程师必备的基本职业技能。本章将通过实例对测试用例设计的基本原则和设计方法等进行阐述和分析。

教学目标： 通过本章的学习，读者将掌握黑盒测试和白盒测试的各种基础知识，通过实际案例进一步学习设计软件测试用例的方法。

3.1 黑盒测试用例设计

3.1.1 等价类划分法

1．工作任务描述

用户注册是网上购物系统的基本模块，也是必需的功能。当用户在浏览器地址栏中输入本购物系统的网址时，系统弹出如图 3-1 所示的网上购物系统主页面。

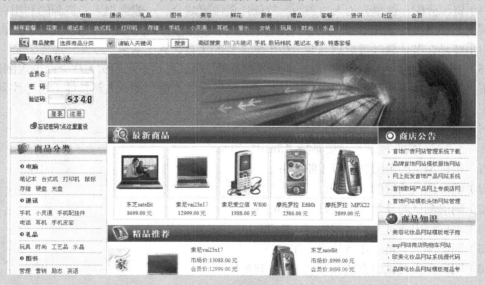

图 3-1 网上购物系统主页面

当用户单击"注册"按钮后，弹出如图 3-2 所示的页面，用户填写用户名、密码、确认密码，勾选同意用户协议项后，单击"确定"按钮进行注册。

图 3-2 用户注册页面

本节任务就是对用户注册功能进行测试，编写测试用例集。在此，我们使用最经典的黑盒测试方法——等价类划分法来设计测试用例。后面的各节将使用其他的方法继续设计相关的测试用例。

2．应知应会

（1）等价类划分法

等价类划分法作为一种最为典型的黑盒测试方法，它完全不考虑程序的内部结构，以需求规格说明书为依据，选择适当的典型子集，认真分析和推敲说明书的各项需求，特别是功能需求，尽可能多地发现错误。它将程序所有可能的输入数据（有效的和无效的）划分成若干个等价类，然后从每个部分中选取具有代表性的数据当做测试用例进行合理的分类，测试用例由有效等价类和无效等价类的代表数据组成，从而保证测试用例具有完整性和代表性。等价类划分法是一种系统性确定要输入的测试条件的方法。

由于等价类是在需求规格说明书的基础上进行划分的，并且等价类划分不仅可以用来确定测试用例中数据输入输出的精确取值范围，也可以用来准备中间值、状态和与时间相关的数据以及接口参数等，所以等价类可以用在系统测试、集成测试和组件测试中，在有明确的条件和限制的情况下，利用等价类划分技术可以设计出完备的测试用例。采用这种策略，完全是由于要实现穷举测试实际上是一件不可能的事，因此，测试人员必须要从大量的可能数据中选取其中有代表性的数据作为测试用例。等价类划分的方法分为两个主要的步骤，即划分等价类型和设计测试用例。

① 有效等价类划分

有效等价类指对于程序规格说明而言，是合理的、有意义的输入数据构成的集合。利用有效等价类可以检验程序是否实现了规格说明预先规定的功能和性能。有效等价类可以是一个，也可以是多个，根据系统的输入域划分若干部分，然后从每个部分中选取少数有代表性数据当作数据测试的测试用例，有效等价类是输入域中代表有效数据的集合。

② 无效等价类划分

无效等价类和有效等价类相反，无效等价类是指对于软件规格说明而言，没有意义的、不合理的输入数据集合。利用无效等价类，可以找出程序异常说明情况，检查程序的功能和性能的实现是否有不符合规格说明要求的地方。

（2）等价类的划分原则

如何确定等价类成为使用等价类划分法过程中的重要问题，以下是进行等价类划分的几项依据。

① 按区间划分。在输入条件规定的取值范围或值的个数的情况下，可以确定一个有效等价类和两个无效等价类。

② 按数值划分。在规定了输入数据的一组值（假定有 n 个值），并且程序要对每个输入值分别处理的情况下，可以确定 n 个有效等价类和一个无效等价类。

③ 按限制条件或规格划分。在规定输入数据必须遵守的规则的情况下，可以确定一个有效等价类和若干个无效等价类。

④ 按数值集合划分。在输入条件规定了输入值的集合或规定了"必须如何"的条件下，可以确定一个有效等价类和一个无效等价类。

在确定已划分的等价类中各元素在程序处理中的方式不同的情况下，则应将该等价类进一步地划分为更小的等价类。

（3）等价类划分法的测试用例设计

在设计测试用例时，应同时考虑有效等价类和无效等价类测试用例的设计。测试人员总是希望用最少的测试用例覆盖所有的有效等价类，但对每一个无效等价类，至少要设计一个测试用例来覆盖它。

在确立了等价类后，可建立等价类表，列出所有划分出的等价类输入条件：有效等价类、无效等价类，然后从划分出的等价类中按以下 3 个原则设计测试用例。

① 首先为每一个等价类分别规定一个唯一的编号。

② 设计一个新的测试用例，使它尽可能多地覆盖尚未被覆盖地有效等价类，重复这一步，直到所有的有效等价类都被覆盖为止。

③ 设计一个新的测试用例，使它只覆盖一个尚未被覆盖的无效等价类，重复这一步，直到所有的无效等价类都被覆盖为止。

在设计测试用例时应该注意：预期结果也是测试用例的一个必要组成部分，对采用无效的输入也是如此。

等价类划分法通过选取等价类中有代表性的数据，极大地降低了要测试的输入数据量。

3．学习案例

某城市电话号码由 3 部分组成：（地区码）前缀 – 后缀。它们的名称和内容分别如下。

地区码：空白或 3 位数字；

前 缀：起始位为非"0"或"1"的 3 位数字；

后 缀：4 位数字。

假定被测程序能接受一切符合上述规定的电话号码，拒绝所有不符合规定的电话号码。根据该程序的规格说明，做等价类的划分，并设计测试方案。

（1）划分等价类，如表 3-1 所示。

表 3-1 　　　　　　　　　　　　　　划分等价类

输入条件	有效等价类	无效等价类
地区码	1. 空白 2. 3 位数字	1. 有非数字字符 2. 少于 3 位数字 3. 多于 3 位数字
前 缀	3. 200 ～ 999 的 3 位数字	4. 有非数字字符 5. 起始位为"0" 6. 起始位为"1" 7. 少于 3 位数字 8. 多于 3 位数字
后 缀	4. 4 位数字	9. 有非数字字符 10. 少于四位数字 11. 多于四位数字

（2）设计测试方案，如表3-2所示。

表 3-2　　　　　　　　　　　　　　　　设计测试方案

方案	内容			输　入	预期结果
	地区码	前缀	后缀		
1	空白	200 ～ 999 的 3 位数字	四位数字	( )276-2345	有效
2	3 位数字			(635)805-9321	有效
3	有非数字字符			(20A)723-4567	无效
4	少于 3 位数字			(33)234-5678	无效
5	多于 3 位数字			(5555)345-6789	无效
6		有非数字字符		(345)5A2-3456	无效
7		起始位为 "0"		(345)012-3456	无效
8		起始位为 "1"		(345)132-3456	无效
9		少于 3 位数字		(345) 92-3456	无效
10		多于 3 位数字		(345)4562-3456	无效
11			有非数字字符	(345)342-3A56	无效
12			少于 4 位数字	(345)342-356	无效
13			多于 4 位数字	(345)562-34567	无效

4．模仿设计测试用例练习

学生成绩等级评定(A ~ C)：

总分(0 ~ 100) = 考试分(0 ~ 70)+ 平时分(0 ~ 30)

总分>=80，Grade= "A"

总分>=60 and < 80，Grade= "B"

总分>= 0 and < 60，Grade= "C"

假定被测程序能接受一切符合上述规定的数据，拒绝所有不符合规定的数据。根据该程序的规格说明，做等价类的划分，并设计测试方案。

5．实际案例

使用等价类划分法为网上商城系统的"用户注册"子功能设计测试用例。"用户注册"界面如图 3-3 所示，功能需求简介如下。

① 用户名：不能为空，不能出现空格，最大长度为 20 个字符。

② 密码：不能为空，长度必须大于等于 6 个字符，小于等于 20 个字符。

③ 确认密码：同密码。

④ 同意用户协议：必须勾选。

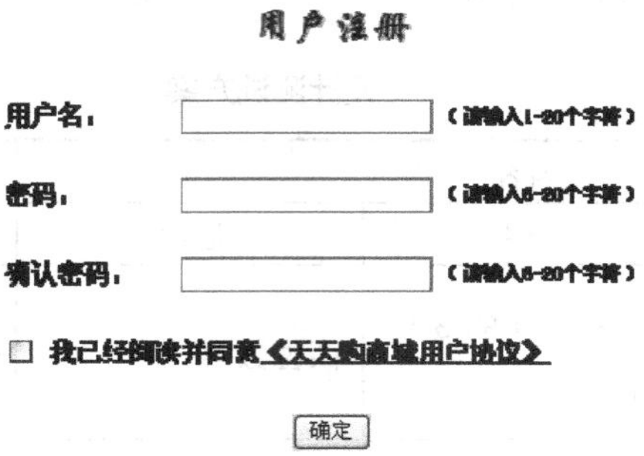

用户注册

用户名： [_____] （请输入1-20个字符）

密码： [_____] （请输入6-20个字符）

确认密码： [_____] （请输入6-20个字符）

☐ 我已经阅读并同意《天天购商城用户协议》

[确定]

图 3-3　用户注册界面

根据功能需求使用等价类划分法设计测试用例。

依据如上功能模块的规格说明，使用等价类划分法的步骤如下。

（1）划分等价类，如表 3-3 所示。

表 3-3　　　　　　　　　　　　　　　划分等价类

输入条件	有效等价类	无效等价类
用户名称	1. 不为空且没有出现空格且最大长度为 20 个字符	1. 用户名为空 2. 出现空格 3. 最大长度大于 20 个字符
密　码	2. 不为空且长度大于等于 6 小于等于 20 个字符	4. 密码为空 5. 长度小于 6 个字符 6. 长度大于 20 个字符
确认密码	3. 与密码同	7. 与密码不同
同意用户协议	4. 勾选中	8. 同意用户协议项没有勾选

（2）填写测试用例表，产生测试用例数据，如表 3-4 所示。

表 3-4　　　　　　　　　　　　使用等价类划分法测试用例表

用例编号	02	编制时间	2014-3-6
功能特性	测试网上商城系统的"用户注册"功能是否可以正常运行		
测试目的	验证数据的正确性		
前置条件	系统运行正常且用户尚未注册		

用例分支	操作描述	数据	预期结果	实际结果	P/F
01	单击"注册"按钮,弹出"用户注册"窗口 输入正确用户名称 输入正确密码 输入正确确认密码 正确勾选同意用户协议 单击"确定"按钮	blue 123456 123456 勾选	添加成功		
02	单击<注册>,弹出"用户注册"窗口 用户名称为空 输入正确密码 输入正确确认密码 正确勾选同意用户协议 单击"确定"按钮	空 123456 123456 勾选	提示: 用户名称不能 为空		
03	单击"注册"按钮,弹出"用户注册"窗口 输入不正确用户名称 输入正确密码 输入正确确认密码 正确勾选同意用户协议 单击"确定"按钮	bl ue 123456 123456 勾选	提示: 用户名中不能有 空格		
04	单击<注册>,弹出"用户注册"窗口 输入不正确用户名称 输入正确密码 输入正确确认密码 正确勾选同意用户协议 单击"确定"按钮	123456789012 34567890123 123456 123456 勾选	提示: 用户名最大长度 为20个字符		
05	单击"注册"按钮,弹出"用户注册"窗口 输入正确用户名称 输入不正确密码 输入正确确认密码 正确勾选同意用户协议 单击"确定"按钮	red 空 空 勾选	提示: 密码不能为空		

用例分支	操作描述	数据	预期结果	实际结果	P/F
06	**单击"注册"按钮,弹出"用户注册"窗口** 输入正确用户名称 输入不正确密码 输入正确确认密码 正确勾选同意用户协议 单击"确定"按钮	red 123 123 勾选	提示: 密码长度必须大于 6 个字符		
07	**单击"注册"按钮,弹出"用户注册"窗口** 输入正确用户名称 输入不正确密码 输入正确确认密码 正确勾选同意用户协议 单击"确定"按钮	blue 123456789012 34567890123 123456789012 34567890123 勾选	提示: 密码最大长度为 20 个字符		
08	**单击"注册"按钮,弹出"用户注册"窗口** 输入正确用户名称 输入正确密码 输入不正确确认密码 正确勾选同意用户协议 单击"确定"按钮	aaaaa 123456 45678 勾选	提示: 两次密码输入不一致		
09	**单击"注册"按钮,弹出"用户注册"窗口** 输入正确用户名称 输入正确密码 输入正确确认密码 不勾选同意用户协议 单击"确定"按钮	bbbbb 123456 123456 不勾选	提示: 只有当您同意并勾选"同意用户协议"项时才能成功注册		

6. 拓展任务

使用等价类划分法设计超市管理系统"用户管理"模块的测试用例集,填写测试用例表。"用户管理"界面如图 3-4 所示,功能需求简介如下。

① 用户名:直接显示,不允许用户修改。

② 会员级别:直接显示,不允许用户修改。

③ E-mail:输入字符串中必须包含"@"和"."字符。一个 E-mail 地址由 3 部分组成:POP3 用户名,符号"@"和服务器名称。POP3 用户名可以包含英文字母、数字和下划线。而一个服务器名可以包含英文字母、数字和英文句号。开头不可以是英文句号,不能有两个连续

英文句号，在它们中间至少有一个字母。

④ 真实姓名：可以为空，长度必须小于等于 20 个字符。

⑤ 密码提问：可以为空，长度必须小于等于 30 个字符。

⑥ 问题答案：可以为空，长度必须小于等于 30 个字符。

用 户 管 理

尊敬的用户，我们向您承诺：你的信息将被严格保密。

用 户 名： 123

会员级别： [普通会员]

E-Mail： aa@163.com

真实姓名：

密码提问：

问题答案：

提交保存

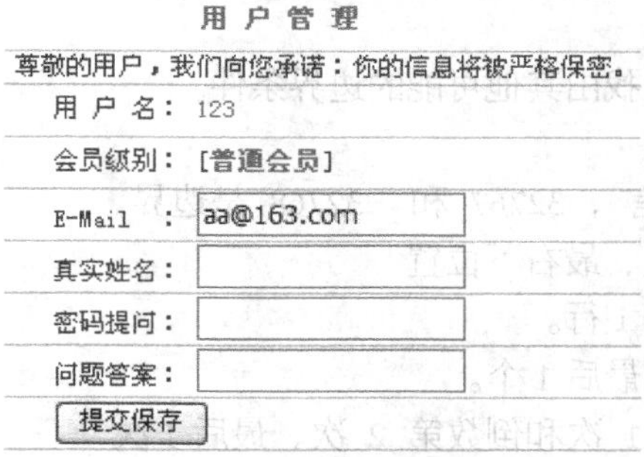

图 3-4 用户管理界面

根据功能需求使用等价类划分法设计测试用例。

3.1.2 边界值分析法

1．工作任务描述

本节任务是继续上节内容，对用户注册功能进行测试，编写测试用例集。在此我们使用另一种黑盒测试方法——边界值分析法来设计测试用例。

2．应知应会

（1）边界值分析法

边界值分析法就是对输入或输出的边界值进行测试的一种黑盒测试方法。通常边界值分析法是作为对等价类划分法的补充，这种情况下，其测试用例来自等价类的边界。

（2）使用边界值分析法的原因

无数的测试实践表明，大量的故障往往发生在输入定义域或输出值域的边界上，而不是在其内部。因此，针对各种边界情况设计测试用例，通常会取得很好的测试效果。

（3）使用边界值分析法设计测试用例的方法

① 首先确定边界情况。通常输入或输出等价类的边界就是为了着重测试的边界情况。

② 选取正好等于、刚刚大于或刚刚小于边界的值作为测试数据，而不是选取等价类中的典型值或任意值。

（4）与等价划分的区别

① 边界值分析不是从某等价类中随便挑一个作为代表，而是使这个等价类的每个边界都作为测试条件。

② 边界值分析不仅考虑输入条件，还要考虑输出空间产生的测试情况。

（5）在应用边界值分析法进行测试用例设计时，要遵循的几条原则

① 如果输入条件规定了值的范围，则应取刚达到这个范围的边界值以及刚刚超过这个范围边界的值作为测试输入数据。

② 如果输入条件规定了值的个数，则用最大个数、最小个数和比最大个数多 1 个、比最小个数少 1 个的数作为测试数据。

③ 根据程序规格说明的每个输出条件，使用原则①。

④ 根据程序规格说明的每个输出条件，使用原则②。

⑤ 如果程序的规格说明给出的输入域或输出域是有序集合（如有序表、顺序文件等），则应选取集合中的第一个和最后一个元素作为测试用例。

⑥ 如果程序中使用了一个内部数据结构，则应当选择这个内部数据结构的边界上的值作为测试用例。

⑦ 分析程序规格说明，找出其他可能的边界条件。

（6）常见的边界值

① 对 16-bit 的整数而言，32767 和 -32768 是边界。

② 屏幕上光标在最左上、最右下位置

③ 报表的第 1 行和最后 1 行。

④ 数组元素的第 1 个和最后 1 个。

⑤ 循环的第 0 次、第 1 次和倒数第 2 次、最后 1 次

（7）边界值分析测试

边界值分析法是基于可靠性理论中称为"单故障"的假设，即有两个或两个以上故障同时出现而导致软件失效的情况很少，也就是说，软件失效基本上是由单故障引起的。

因此，在边界值分析法中获取测试用例的方如下。

① 每次保留程序中一个变量，让其余的变量取正常值，被保留的变量依次取 min、min+、nom、max- 和 max。

② 对程序中的每个变量重复①。

（8）健壮性测试

健壮性测试是作为边界值分析的一个简单的扩充，它除了对变量的 5 个边界值分析取值外，还需要增加一个略大于最大值(max+)以及略小于最小值(min-)的取值，检查超过极限值时系统的情况。因此，对于有 n 个变量的函数采用健壮性测试需要 $6n+1$ 个测试用例。

3. 学习案例

三角形问题。输入 3 个整数 a、b、c 分别作为三角形的 3 条边，现通过程序判断由 3 条边构成的三角形的类型为：等边三角形、等腰三角形、一般三角形以及构不成三角形。

现在要求输入 3 个整数 a、b、c，必须满足以下条件：

条件 1　　$1 \leq a \leq 100$

条件 2　　$1 \leq b \leq 100$

条件 3　　$1 \leq c \leq 100$

条件 4　　$a < b+c$

条件 5　　$b < a+c$

条件 6　　$c < a+b$

如果输入值不满足这些条件中的任何一个，程序给出相应的信息，如 "a 边值非法"等，如果 a、b、c 满足条件 1、条件 2 和条件 3，则输出如下 4 种情况之一。

① 如果不满足条件 4、条件 5 和条件 6 中的一条，则程序输出为"不能构成三角形"。

② 如果三边相等，则程序输出为"等边三角形"。

③ 如果两边相等，则程序输出为"等腰三角形"。

④ 如果三边均不等，则程序输出为"一般三角形"。

根据该程序的规格说明，使用边界值分析法，设计健壮性测试用例，如表 3-5 所示。

表 3-5   三角形问题的错误推测测试用例

测试用例	a	b	c	预期输出
Test1	0	40	20	a 边值非法
Test2	1	60	60	等腰三角形
Test3	2	60	60	等腰三角形
Test4	99	50	50	等腰三角形
Test5	100	50	50	非三角形
Test6	101	60	50	a 边值非法
Test7	30	0	40	b 边值非法
Test8	60	1	60	等腰三角形
Test9	60	2	60	等腰三角形
Test10	50	99	50	等腰三角形
Test11	50	100	50	非三角形
Test1 2	70	101	80	b 边值非法
Test13	50	50	0	c 边值非法
Test14	30	30	1	等腰三角形
Test15	20	20	2	等腰三角形
Test16	45	45	45	等边三角形
Test17	80	80	99	等腰三角形
Test18	30	30	100	非三角形
Test19	60	70	101	c 边值非法

4．模仿设计测试用例练习

学生成绩等级评定（A～C）：

总分（0～100） = 考试分（0～70）+ 平时分（0～30）

总分>=80，Grade= "A"

总分>=60 and < 80，Grade= "B"

总分>= 0 and < 60，Grade= "C"

假定被测程序能接受一切符合上述规定的数据，拒绝所有不符合规定的数据。根据该程序的规格说明，使用边界值分析法，并设计健壮性测试用例。

5．实际案例

使用边界值分析法为网上商城系统的"用户注册"子功能设计测试用例。"用户注册"界面如图 3-5 所示，功能需求简介如下。

① 用户名：不能为空，不能出现空格，最大长度为 20 个字符。

② 密码：不能为空，长度必须大于等于 6 个字符，小于等于 20 个字符。

③ 确认密码：同密码。

④ 同意用户协议：必须勾选。

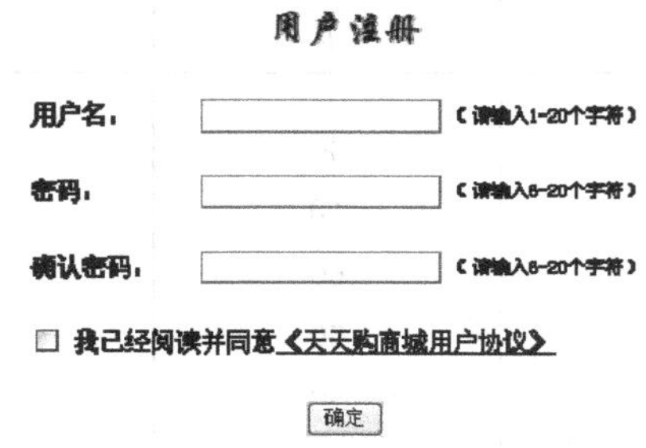

图 3-5　用户注册界面

根据功能需求使用边界值分析法，设计健壮性测试用例。

依据如上功能模块的规格说明，使用边界值分析法，设计健壮性测试用例，如表 3-6 所示。

表 3-6　　　　　　　　　　使用边界值分析法测试用例表

用例编号	02		编制时间	2012-7-3
功能特性	测试网上商城系统的"用户注册"功能是否可以正常运行			
测试目的	验证数据的正确性			
前置条件	系统运行正常且用户尚未注册			
用例分支	操作描述	数据	预期结果	实际结果	P/F
01	单击"注册"按钮，弹出"用户注册"窗口 输入恰好少于 20 位的用户名称 输入正确密码 输入正确确认密码 正确勾选同意用户协议 单击"确定"按钮	Adjfkdfjdkjfdfsfgdj 12345678 12345678 勾选	提示： 添加用户 成功		
02	单击"注册"按钮，弹出"用户注册"窗口 输入恰好等于 20 位的用户名称 输入正确密码 输入正确确认密码 正确勾选同意用户协议 单击"确定"按钮	gsjyutyujhnmy768jgjh abcdefdab abcdefdab 勾选	提示： 添加用户 成功		

用例分支	操作描述	数据	预期结果	实际结果	P/F
03	单击"注册"按钮,弹出"用户注册"窗口 输入恰好大于 20 位的用户名称 输入正确密码 输入正确确认密码 正确勾选同意用户协议 单击"确定"按钮	gsjyutyujhnmy768jgjh4 abcdef45 abcdef45 勾选	提示: 用户名最大长度为 20 个字符		
04	单击"注册"按钮,弹出"用户注册"窗口 输入正确用户名称 输入恰好大于 6 位的密码 输入正确确认密码 正确勾选同意用户协议 单击"确定"按钮	张三 1234567 1234567 勾选	提示: 添加用户成功		
05	单击"注册"按钮,弹出"用户注册"窗口 输入正确用户名称 输入恰好等于 6 位的密码 输入正确确认密码 正确勾选同意用户协议 单击"确定"按钮	张山 123456 123456 勾选	提示: 添加用户成功		
06	单击"注册"按钮,弹出"用户注册"窗口 输入正确用户名称 输入恰好小于 6 位的密码 输入正确确认密码 正确勾选同意用户协议 单击"确定"按钮	刘梅 12345 12345 勾选	提示: 密码长度应该大于等于 6 个字符		

用例分支	操作描述	数据	预期结果	实际结果	P/F
07	单击"注册"按钮，弹出"用户注册"窗口 输入正确用户名称 输入恰好大于 20 位的密码 输入正确确认密码 正确勾选同意用户协议 单击"确定"按钮	李东 12345678906543 2178092 12345678906543 2178092 勾选	提示： 密码长度应该小于等于 20 **个字符**		
08	单击"注册"按钮，弹出"用户注册"窗口 输入正确用户名称 输入恰好等于 20 位的密码 输入正确确认密码 正确勾选同意用户协议 单击"确定"按钮	王乾 12345678906543217809 12345678906543217809 勾选	提示： 添加用户成功		
09	单击"注册"按钮，弹出"用户注册"窗口 输入正确用户名称 输入恰好小于 20 位的密码 输入正确确认密码 正确勾选同意用户协议 单击"确定"按钮	赵庆 1234567890654321780 1234567890654321780 勾选	提示： 添加用户成功		

6．拓展任务

使用边界值分析法设计超市管理系统"用户管理"模块的测试用例集，填写测试用例表。"用户管理"界面如图 3-6 所示，功能需求简介如下。

① 用户名：直接显示，不允许用户修改。

② 会员级别：直接显示，不允许用户修改。

③ E-mail：输入字符串中必须包含"@"和"."字符。一个 E-mail 地址由 3 部分组成：POP3 用户名，符号"@"和服务器名称。POP3 用户名可以包含英文字母、数字和下划线。而一个服务器名可以包含英文字母、数字和英文句号。开头不可以是英文句号，不能有两个连续英文句号，在它们中间至少有一个字母。

④ 真实姓名：可以为空，长度必须小于等于 20 个字符。

⑤ 密码提问：可以为空，长度必须小于等于 30 个字符。

⑥ 问题答案：可以为空，长度必须小于等于 30 个字符。

用 户 管 理

尊敬的用户，我们向您承诺：你的信息将被严格保密。

用 户 名：123

会员级别：[普通会员]

E-Mail ：aa@163.com

真实姓名：

密码提问：

问题答案：

提交保存

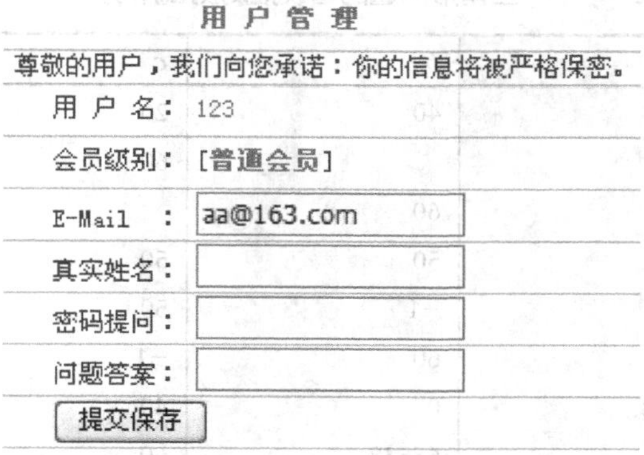

图 3-6 用户管理界面

根据功能需求，使用边界值分析法设计健壮性测试用例。

3.1.3 错误推测法

1．工作任务描述

本节任务是继续上节内容，对用户注册功能进行测试，编写测试用例集。在此我们使用另一种黑盒测试方法——错误推测法来设计测试用例。

2．应知应会

错误推测法，即根据经验和直觉推测程序中所有可能存在的各种错误，从而有针对性地设计测试用例的方法。

使用错误推测法时，可以凭经验列举出程序中所有可能有的错误和容易发生错误的特殊情况，帮助猜测错误可能发生的位置，提高错误推测的有效性，根据他们来选择测试用例。

3．学习案例

三角形问题。输入 3 个整数 a、b、c 分别作为三角形的 3 条边，现通过程序判断由 3 条边构成的三角形的类型为：等边三角形、等腰三角形、一般三角形以及构不成三角形。

现在要求输入 3 个整数 a、b、c，必须满足以下条件：

条件 1 　　$1 \leqslant a \leqslant 100$

条件 2 　　$1 \leqslant b \leqslant 100$

条件 3 　　$1 \leqslant c \leqslant 100$

条件 4 　　$a < b+c$

条件 5 　　$b < a+c$

条件 6 　　$c < a+b$

如果输入值不满足这些条件中的任何一个，程序给出相应的信息，如 "a 边值非法"等，如果 a、b、c 满足条件 1、条件 2 和条件 3，则输出如下 4 种情况之一。

（1）如果不满足条件 4、条件 5 和条件 6 中的一条，则程序输出为 "不能构成三角形"。

（2）如果三边相等，则程序输出为 "等边三角形"。

（3）如果两边相等，则程序输出为 "等腰三角形"。

（4）如果三边均不等，则程序输出为 "一般三角形"。

根据该程序的规格说明，使用错误推测法设计测试用例，如表 3-7 所示。

表 3-7   三角形问题的错误推测测试用例

测试用例	a	b	c	预期输出
Test1		40	20	a 边值非法
Test2	1		60	b 边值非法
Test3	2	60		c 边值非法
Test4	−1	50	50	a 边值非法
Test5	100	−1	50	b 边值非法
Test6	101	60	−1	c 边值非法
Test7	32768	0	40	a 边值非法
Test8	60	65538	60	b 边值非法
Test9	60	2	65779	c 边值非法

4. 模仿设计测试用例练习

学生成绩等级评定（A～C）：

总分(0～100) = 考试分（0～70）+ 平时分（0～30）

总分>=80，Grade= "A"

总分>=60 and < 80，Grade= "B"

总分>= 0 and < 60，Grade= "C"

假定被测程序能接受一切符合上述规定的数据，拒绝所有不符合规定的数据。根据该程序的规格说明，使用错误推测法设计用例。

5. 实际案例

使用错误推测法为网上商城系统的"用户注册"子功能设计测试用例。"用户注册"界面如图 3-7 所示，功能需求简介如下。

① 用户名：不能为空，不能出现空格，最大长度为 20 个字符。

② 密码：不能为空，长度必须大于等于 6 个字符，小于等于 20 个字符。

③ 确认密码：同密码。

④ 同意用户协议：必须勾选。

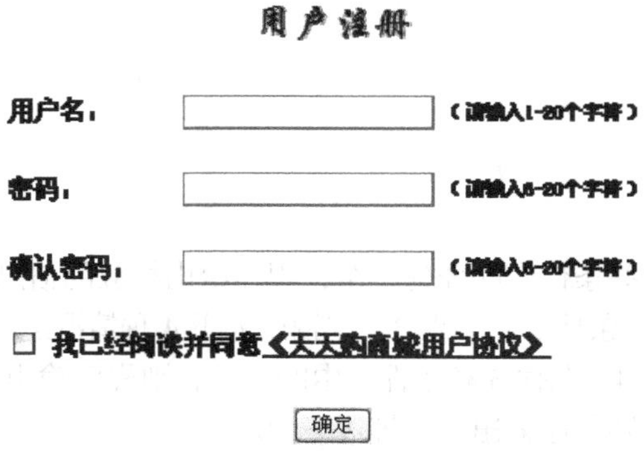

图 3-7 用户注册界面

根据功能需求使用错误推测法，设计测试用例。

依据如上功能模块的规格说明，使用错误推测法，设计用例如表 3-8 所示。

表 3-8　　　　　　　　　　使用错误推测法设计用例

用例编号		02		编制时间	2012-7-3	
功能特性	测试网上商城系统的"用户注册"功能是否可以正常运行					
测试目的	验证数据的正确性					
前置条件	系统运行正常					
用例分支	操作描述	数据		预期结果	实际结果	P/F
01	单击"注册"按钮，弹出"用户注册"窗口 输入特殊字符用户名称 输入正确密码 输入正确确认密码 正确勾选同意用户协议 单击"确定"按钮	Ab,fg' 123456 123456 勾选		提示： 添加用户成功		
02	单击"注册"按钮，弹出"用户注册"窗口 输入正确用户名称 输入特殊字符密码 输入正确确认密码 正确勾选同意用户协议 单击"确定"按钮	杨天 Asd(h;e Asd(h;e 勾选		提示： 添加用户成功		
03	单击"注册"按钮，弹出"用户注册"窗口 输入已有用户名称 输入正确密码 输入正确确认密码 正确勾选同意用户协议 单击"确定"按钮	张三 abcdefgh abcdefgh 勾选		提示： 用户名张三已经 存在		
04	单击"注册"按钮，弹出"用户注册"窗口 输入正确用户名称 输入带空格的密码 输入正确确认密码 正确勾选同意用户协议 单击"确定"按钮	王章 12 45 12 45 勾选		提示： 添加用户成功		

用例分支	操作描述	数据	预期结果	实际结果	P/F
05	**单击"注册"按钮,弹出"用户注册"窗口** 输入用户名称为空格 输入正确密码: 输入正确确认密码 正确勾选同意用户协议: 单击"确定"按钮	12456 12456	提示: 用户名称不能出现空格		
06	**单击"注册"按钮,弹出"用户注册"窗口** 输入正确用户名称 输入密码为7个空格 输入正确确认密码 正确勾选同意用户协议 单击"确定"按钮	李冬 勾选	提示: 添加用户成功		

6. 拓展任务

使用错误推测法设计超市管理系统"用户管理"模块的测试用例集,填写测试用例表。"用户管理"界面如图 3-8 所示,功能需求简介如下。

① 用户名:直接显示,不允许用户修改。

② 会员级别:直接显示,不允许用户修改。

③ E-mail:输入字符串中必须包含"@"和"."字符。一个 E-mail 地址由 3 部分组成:POP3 用户名,符号"@"和服务器名称。POP3 用户名可以包含英文字母、数字和下划线。而一个服务器名可以包含英文字母、数字和英文句号。开头不可以是英文句号,不能有两个连续英文句号,在他们中间至少有一个字母。

④ 真实姓名:可以为空,长度必须小于等于 20 个字符。

⑤ 密码提问:可以为空,长度必须小于等于 30 个字符。

⑥ 问题答案:可以为空,长度必须小于等于 30 个字符。

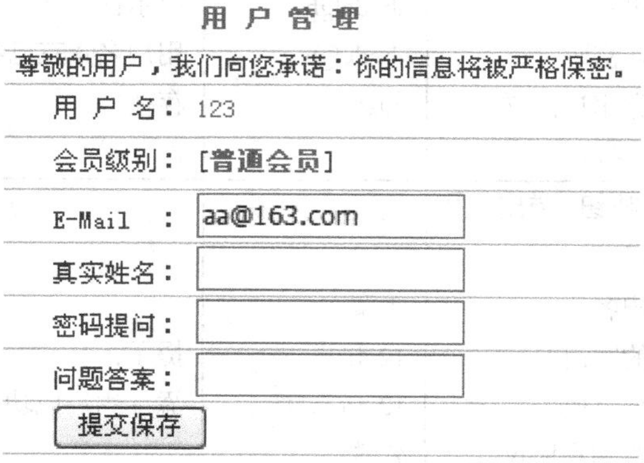

图 3-8　用户管理界面

根据功能需求，使用错误推测法设计测试用例。

3.1.4 因果图法

1．工作任务描述

本节任务是继续上节内容，对用户购物功能进行测试，编写测试用例集。在此我们使用因果图法来设计测试用例。

2．应知应会

（1）因果图法产生的背景

等价类划分法和边界值分析方法都是着重考虑输入条件，但没有考虑输入条件的各种组合、输入条件之间的相互制约关系。这样虽然各种输入条件可能出错的情况已经测试到了，但多个输入条件组合起来可能出错的情况却被忽视了。

如果在测试时必须考虑输入条件的各种组合，则可能的组合数目将是天文数字，因此必须考虑采用一种适合于描述多种条件的组合、相应产生多个动作的形式来进行测试用例的设计，这就需要利用因果图（逻辑模型）。

因果图法是一种适合于描述对于多种条件的组合相应产生多个动作的形式的测试用例设计方法。"因"指的就是输入，"果"指的就是输出。因果图法也是一种黑盒测试技术，但没有边界值法、等价类法和错误推测法常用。

（2）因果图法简介

因果图法基于这样的一种思想：一些程序的功能可以用判定表（或称决策表）的形式来表示，并根据输入条件的组合情况规定相应的操作。

因果图法的定义：是一种利用图解法分析输入的各种组合情况，从而设计测试用例的方法，它适合于检查程序输入条件的各种组合情况。

（3）使用因果图法的基本步骤

① 分析软件规格说明描述中哪些是原因，哪些是结果，原因是输入或输入条件的等价类，结果是输出条件。给每个原因和结果赋予一个标识符。

② 分析软件规格说明描述中的语义。找出原因与结果之间、原因与原因之间的对应关系，并根据这些关系画出因果图。

③ 在因果图上用一些记号标明约束或限制条件。

④ 把因果图转换为判定表。

⑤ 依据判定表的每一列，设计测试用例。

（4）使用因果图法的优点

① 考虑到了输入情况的各种组合以及各个输入情况之间的相互制约关系。

② 能够帮助测试人员按照一定的步骤，高效率开发测试用例。

③ 因果图法是将自然语言规格说明转化成形式语言规格说明的一种严格的方法，可以指出规格说明存在的不完整性和二义性。

（5）因果图中的 4 种基本关系

在因果图中，用 c_i 表示输入状态（或称原因），e_i 表示输出状态（或称结果）。因果图用 4 种符号分别表示规格说明中的 4 种因果关系，其基本符号如图 3-9 所示。

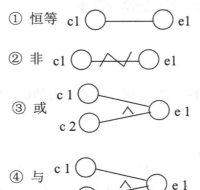

图 3-9　因果图的基本符号

c_i 与 e_i 取值 0 或 1，0 表示某状态不出现，1 则表示某状态出现。

a.恒等：若 c_1 是 1，则 e_1 也为 1，否则 e_1 为 0。

b.非：若 c_1 是 1，则 e_1 为 0，否则 e_1 为 1。

c.或：若 c_1 或 c_2 或 c_3 是 1，则 e_1 为 1，否则 e_1 为 0。

d.与：若 c_1 和 c_2 都是 1，则 e_1 为 1，否则 e_1 为 0。

（6）因果图中的约束

在实际问题中，输入状态相互之间、输出状态相互之间可能存在某些依赖关系，称为"约束"。对于输入条件的约束有 E、I、O、R 四种约束，对于输出条件的约束只有 M 约束。

因果图中用来表示约束关系的约束符号如图 3-10 所示。

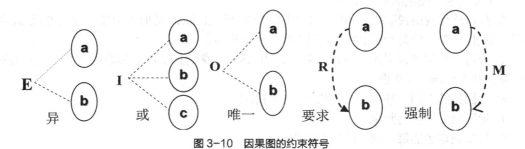

图 3-10　因果图的约束符号

① E 约束(异)：a 和 b 中最多有一个可能为 1，即 a 和 b 不能同时为 1。

② I 约束(或)：a、b、c 中至少有一个必须为 1，即 a、b、c 不能同时为 0。

③ O 约束(唯一)：a 和 b 必须有一个且仅有一个为 1。

④ R 约束(要求)：a 是 1 时，b 必须是 1，即 a 为 1 时，b 不能为 0。

⑤ M 约束(强制)：若结果 a 为 1，则结果 b 强制为 0。

因果图法最终生成的是决策表。利用因果图生成测试用例的基本步骤如下。

步骤 1　分析软件规格说明中哪些是原因（即输入条件或输入条件的等价类），哪些是结果（即输出条件），并给每个原因和结果赋予一个标识符。

步骤 2　分析软件规格说明中的语义，找出原因与结果之间、原因与原因之间对应的关系，根据这些关系画出因果图。

步骤 3 由于语法或环境的限制，有些原因与原因之间、原因与结果之间的组合情况不可能出现。为表明这些特殊情况，在因果图上用一些记号表明约束或限制条件。

步骤 4 把因果图转换为决策表。

步骤 5 根据决策表中的每一列设计测试用例。

3．学习案例

有一个自动售货机软件处理单价为 5 角钱饮料。若投入 5 角钱或 1 元钱的硬币，压下"橙汁"或"啤酒"的按钮，则相应的饮料就送出来。若售货机没有零钱找，则一个显示"零钱找完"的红灯亮，这时再投入 1 元硬币并压下按钮后，饮料不送出来而且 1 元硬币也被退出来；若有零钱找，则显示"零钱找完"的红灯灭，在送出饮料的同时找回 5 角硬币。

解：分析并列出原因和结果。

原因：

① 售货机有零钱找。

② 投入 1 元硬币。

③ 投入 5 角硬币。

④ 压下"橙汁"按钮。

⑤ 压下"啤酒"按钮。

中间状态：

⑪ 投入 1 元硬币且压下饮料按钮。

⑫ 压下"橙汁"或"啤酒"的按钮。

⑬ 应当找 5 角零钱并且售货机有零钱找。

⑭ 钱已付清。

结果：

（21）售货机"零钱找完"灯亮。

（22）退还 1 元硬币。

（23）找回 5 角硬币。

（24）送出橙汁饮料。

（25）送出啤酒饮料。

根据原因和结果，画出因果图。所有原因结点列在左边，所有结果结点列在右边。由于②与③，④与⑤不能同时发生，分别加上约束条件 E。如图 3-11 所示。

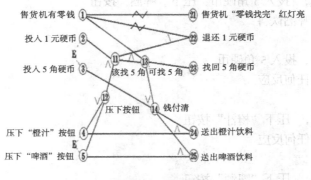

图 3-11 因果图

根据因果图所建立的判定表如表 3-9 所示。

表 3-9　　　　　　　　　　　　　根据因果图所建立的判定表

	序号	1	2	3	4	5	6	7	8	9	10	1	2	3	4	5	6	7	8	9	20	1	2	3	4	5	6	7	8	9	30	1	2
条件	①	1	1	1	1	1	1	1	1	1	1	1	1	1	1	1	1	1	1	0	0	0	0	0	0	0	0	0	0	0	0	0	0
	②	1	1	1	1	1	1	1	1	1	0	0	0	0	0	0	0	1	1	1	1	1	1	1	1	1	1	0	0	0	0	0	0
	③	1	1	1	1	1	0	0	0	0	1	1	1	0	0	0	0	1	1	1	1	0	0	0	0	1	1	1	1	0	0	0	0
	④	1	1	0	0	1	1	0	0	1	1	0	0	1	1	0	0	1	1	0	0	1	1	0	0	1	1	0	0	1	1	0	0
	⑤	1	0	1	0	1	0	1	0	1	0	1	0	1	0	1	0	1	0	1	0	1	0	1	0	1	0	1	0	1	0	1	0
中间结果	⑪																																
	⑫																																
	⑬																																
	⑭																																
结果	㉑																																
	㉒																																
	㉓																																
	㉔																																
	㉕																																
测试用例							Y	Y	Y		Y	Y	Y		Y	Y					Y	Y	Y		Y	Y	Y					Y	

推出测试用例如下。

测试用例 1:

售货机有零钱找,投入 1 元硬币,压下"橙汁"按钮

预期结果:找回 5 角硬币,送出橙汁饮料

测试用例 2:

售货机有零钱找,投入 1 元硬币,压下"啤酒"按钮

预期结果:找回 5 角硬币,送出"啤酒"按钮

测试用例 3:

售货机有零钱找,投入 1 元硬币

预期结果:无任何反应

测试用例 4:

售货机有零钱找,投入 5 角硬币,压下"橙汁"按钮

预期结果:送出橙汁饮料

测试用例 5:

售货机有零钱找, 投入 5 角硬币,压下"啤酒"按钮

预期结果:送出啤酒饮料

测试用例 6:

售货机有零钱找,投入 5 角硬币

预期结果:没有任何反应

测试用例 7:

售货机有零钱找, 压下"橙汁"按钮

预期结果:没有任何反应

测试用例 8:

售货机有零钱找, 压下"啤酒"按钮

预期结果:没有任何反应

测试用例 9:

投入 1 元硬币，压下"橙汁"按钮

预期结果：售货机"零钱找完"灯亮，退还 1 元硬币

测试用例 10：

投入 1 元硬币，压下"啤酒"按钮

预期结果：售货机"零钱找完"灯亮，退还 1 元硬币

测试用例 11：

投入 1 元硬币

预期结果：售货机"零钱找完"灯亮

测试用例 12：

投入 5 角硬币，压下"橙汁"按钮

预期结果：售货机"零钱找完"灯亮，送出橙汁饮料

测试用例 13：

投入 5 角硬币，压下"啤酒"按钮

预期结果：售货机"零钱找完"灯亮，送出啤酒饮料

测试用例 14：

投入 5 角硬币

预期结果：售货机"零钱找完"灯亮

测试用例 15：

压下"橙汁"按钮

预期结果：售货机"零钱找完"灯亮

测试用例 16：

压下"啤酒"按钮

预期结果：售货机"钱找完"灯亮

测试用例 17：

无任何操作

预期结果：售货机"零钱找完"灯亮

4．模仿设计测试用例练习

薪金管理系统扣款模块功能描述如下。

① 薪制员工：严重过失，扣年终风险金 4%；过失，扣年终风险金的 2%。

② 年薪制员工：严重过失，扣当月薪资的 8%；过失，扣当月薪资的 4%。

请画出因果图，并进行测试用例设计。

5．实际案例

网上商城系统的"折扣计费"子功能简介如下。

用户购物时收费有 4 种情况：非 VIP 会员一次购物累计少于 100 元，按 A 类标准收费（不打折），一次购物累计多于或等于 100 元，按 B 类标准收费（打 9 折）；VIP 会员顾客按 VIP 会员价格一次购物累计少于 1 000 元，按 C 类标准收费（打 8 折），一次购物累计等于或多于 1 000 元，按 D 类标准收费（打 7 折）。请使用因果图法设计测试用例，测试以上计算顾客购物收费的模块。

解：分析并列出原因和结果。

原因：

① VIP 会员；

② 购物等于或多于 100 元;

③ 购物等于或多于 1 000 元。

结果:

㉑ 按 A 类标准收费(不打折);

㉒ 按 B 类标准收费(打 9 折);

㉓ 按 C 类标准收费(打 8 折);

㉔ 按 D 类标准收费(打 7 折)。

根据原因和结果,画出因果图,如图 3-12 所示。

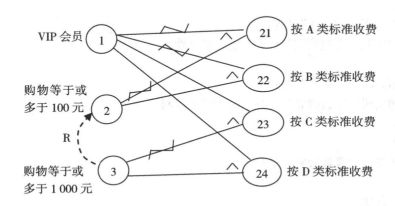

图 3-12　因果图

根据因果图所建立的判定表如表 3-10 所示。

表 3-10　　　　　　　　　　　根据因果图所建立的判定表

	序号	1	2	3	4	5	6	7	8
条件	1	0	0	0	0	1	1	1	1
	2	0	0	1	1	0	0	1	1
	3	0	1	0	1	0	1	0	1
结果	21	1		0	0	0		0	0
	22	0		1	1	0		0	0
	23	0		0	0	1		1	0
	24	0		0	0	0		0	1
测试用例		Y		Y	Y	Y		Y	Y

推出测试用例如下。

测试用例 1:

非 VIP 会员,购物少于 100 元。

预期结果:按 A 类标准收费(不打折)。

测试用例 2:

非 VIP 会员,购物等于或多于 100 元。

预期结果：按 B 类标准收费（打 9 折）。

测试用例 3：

非 VIP 会员，购物等于或多于 1000 元。

预期结果：按 B 类标准收费（打 9 折）。

测试用例 4：

VIP 会员，购物少于 100 元。

预期结果：按 C 类标准收费（打 8 折）。

测试用例 5：

VIP 会员，购物等于或多于 100 元，且少于 1 000 元。

预期结果：按 C 类标准收费（打 8 折）。

测试用例 6：

VIP 会员，购物等于或多于 1 000 元。

预期结果：按 D 类标准收费（打 7 折）。

6．拓展任务

使用因果图法设计超市管理系统"会员登录"模块的测试用例集。"会员登录"界面如图 3-13 所示，功能需求简介如下。

① 会员名：不能为空，5～20 位的英文或数字。

② 密码：不能为空，5～20 位的英文或数字。

③ 验证码：与页面显示一致。

图 3-13　会员登录界面

3.1.5　场景分析法

1．工作任务描述

本节任务是继续前几节内容，对用户购物功能进行测试，编写测试用例集。在此我们使用场景分析法来设计测试用例。

2．应知应会

（1）场景分析法简介

现在的软件几乎都是用事件触发来控制流程的，事件触发时的情景便形成了场景，而同一事件不同的触发顺序和处理结果就形成事件流。这种在软件设计方面的思想也可以引入软件测试中，可以比较生动地描绘出事件触发时的情景，有利于测试设计者设计测试用例，同时使测试用例更容易理解和执行。提出这种测试思想的是 Rational 公司。

通过运用场景来对系统的功能点或业务流程进行描述，从而提高测试效果。场景法一般包含基本流和备用流，从一个流程开始，通过描述经过的路径来确定的过程，经过遍历所有的基本流和备用流来完成整个场景。

（2）场景法能清晰地描述整个事件的原因

原因：现在的系统基本上都是由事件来触发控制流程的。如我们申请一个项目，需先提交审批单据，再由部门经理审批，审核通过后由总经理来最终审批，如果部门经理审核不通过，就直接退回。每个事件触发时的情景便形成了场景。而同一事件不同的触发顺序和处理结果形成事件流。这一系列的过程我们利用场景法可以清晰地描述。

（3）基本流和备选流

事件流示意图如图 3-14 所示。

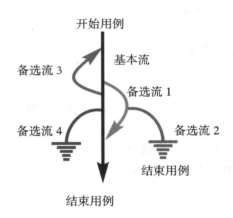

图 3-14　事件流示意图

每个经过用例的可能路径，可以确定不同的用例场景。从基本流开始，再将基本流和备选流结合起来，可以确定以下用例场景：

场景 1　基本流
场景 2　基本流　备选流 1
场景 3　基本流　备选流 1 备选流 2
场景 4　基本流　备选流 3
场景 5　基本流　备选流 3 备选流 1
场景 6　基本流　备选流 3 备选流 1 备选流 2
场景 7　基本流　备选流 4
场景 8　基本流　备选流 3 备选流 4

从上面的实例我们就可以了解场景是如何利用基本流和备用流来确定的。图 3-14 中经过用例的每条路径都用基本流和备选流来表示，直黑线表示基本流，是经过用例的最简单的路径。备选流用不同的色彩表示，一个备选流可能从基本流开始，在某个特定条件下执行，然后重新加入基本流中（如备选流 1 和备选流 3）；也可能起源于另一个备选流（如备选流 2），或者终止用例而不再重新加入到某个流（如备选流 2 和备选流 4）。

（4）场景法的基本设计步骤

① 根据说明，描述出程序的基本流及各项备选流。

② 根据基本流和各项备选流生成不同的场景。

③ 对每一个场景生成相应的测试用例。

④ 对生成的所有测试用例重新复审，去掉多余的测试用例，测试用例确定后，对每一个测试用例确定测试数据值。

3．学习案例

用户进入网上商城购物网站进行购物，选择物品后，进行在线购买，这时需要使用账号登录，登录成功后，付钱交易，交易成功后，生成订购单，完成整个购物过程。

第一步：确定基本流和备选流，如表 3-11 所示。

表 3-11　　　　　　　　　　　基本流和备选流

基本流	登录在线购物网站，选择物品，登录账号，付钱交易，生成订购单
备选流 1	账号不存在
备选流 2	账号或密码错误
备选流 3	用户账号余额不足
备选流 4	用户账号没有余额
备选流 5	用户退出系统

第二步：根据基本流和备选流来确定场景（见表 3-12）。

表 3-12　　　　　　　　　　　场景

场景 1：成功购物	基本流	
场景 2：账号不存在	基本流	备选流 1
场景 3：账号或密码错误	基本流	备选流 2
场景 4：用户账号余额不足	基本流	备选流 3
场景 5：用户账号没有余额	基本流	备选流 4

第三步：设计用例。

对于每一个场景都需要确定测试用例。可以采用矩阵或决策表来确定和管理测试用例。

下面显示了一种通用格式，其中各行代表各个测试用例，而各列则代表测试用例的信息。

本例中，对于每个测试用例，存在一个测试用例 ID、条件（或说明）、测试用例中涉及的所有数据元素（作为输入或已经存在于数据库中）以及预期结果。

通过从确定执行用例场景所需的数据元素入手构建矩阵。然后，对于每个场景，至少要确定包含执行场景所需的适当条件的测试用例。例如，在下面的矩阵中，"有效"用于表明这个条件必须是有效的才可执行基本流，"无效"用于表明这种条件下将激活所需备选流，而"不适用"表明这个条件不适用于测试用例。具体测试用例信息如表 3-13 所示。

表 3-13 测试用例信息

测试用例 ID	场景/条件	账号	密码	用户账号余额	预期结果
1	场景 1：成功购物	有效	有效	有效	成功购物
2	场景 2：账号不存在	无效	不适用	不适用	提示账号不存在
3	场景 3：账号或密码错误（账号正确，密码错误）	有效	无效	不适用	提示账号或密码错误，返回基本流步骤 3
4	场景 3：账号或密码错误（账号错误，密码正确）	无效	有效	不适用	提示账号或密码错误，返回基本流步骤 3
5	场景 4：用户账号余额不足	有效	有效	无效	提示账号余额不足请充值
6	场景 5:用户账号没有余额	有效	有效	无效	提示账号无余额请充值

第四步 设计数据，把表 3-14 所示数据填入用例表 3-13 中。

表 3-14 测试用例数据

测试用例 ID	场景/条件	账号	密码	用户账号余额	预期结果
1	场景 1：成功购物	Tom	ok23	157	成功购物,账号余额减少 157 元
2	场景 2：账号不存在	Kevin	不适用	不适用	提示账号不存在
3	场景 3：账号或密码错误（账号正确，密码错误）	Zhang	vvtsta	不适用	提示账号或密码错误,返回基本流步骤 3
4	场景 3：账号或密码错误（账号错误，密码正确）	John	abc567	不适用	提示账号或密码错误,返回基本流步骤 3
5	场景 4：用户账号余额不足	Annie	rbv423	1	提示账号余额不足请充值
6	场景 5:用户账号没有余额	William	Stub723	0	提示账号无余额请充值

以上写到的测试用例只是购物的一部分测试用例。需要的其他测试用例我们可以在写完后再进行补充和扩展，达到比较好的覆盖效果。

4．模仿设计测试用例练习

图 3-15 所示是 ATM 的流程示意图。

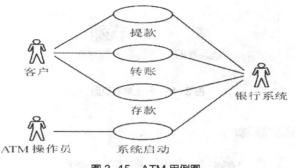

图 3-15 ATM 用例图

请使用场景设计法设计提款功能的相关测试用例。

提示：提款功能的基本流如下

本用例的开端是 ATM 处于准备就绪状态。

① 准备提款 ——客户将银行卡插入 ATM 的读卡机。

② 验证银行卡—— ATM 从银行卡的磁条中读取账户代码，并检查它是否属于可以接收的银行卡。

③ 输入 PIN —— ATM 要求客户输入 PIN 码（4 位）

④ 验证账户代码和 PIN ——验证账户代码和 PIN 码以确定该账户是否有效以及所输入的 PIN 码对该账户来说是否正确。对于此事件流，账户是有效的而且 PIN 码对此账户来说正确无误。

⑤ ATM 选项——ATM 显示在本机上可用的各种选项。在此事件流中，银行客户通常选择"提款"。

⑥ 输入金额—— 输入要从 ATM 中提取的金额。对于此事件流，客户需选择预设的金额。

⑦ 授权——ATM 通过将卡 ID、PIN 码、金额以及账户信息作为一笔交易发送给银行系统来启动验证过程。对于此事件流，银行系统处于联机状态，而且对授权请求给予答复，批准完成提款过程，并且据此更新账户余额。

⑧ 出钞—— 提供现金。

⑨ 返还银行卡—— 银行卡被返还。

⑩ 收据——打印收据并提供给客户。ATM 还相应地更新内部记录。

用例结束时 ATM 又回到准备就绪状态。

5．实际案例

购物车是一个模仿商城中购物的人性化工具，用户可以将自己中意的商品放入购物车中，并可以随时增减购物车中商品的种类和数量。购物车可以帮助用户简化购物流程，方便用户购买商品，提高购物效率。

本网上购物系统中也使用购物车工具。用户在选择完商品后，在如图 3-16 所示的页面中单击"我的购物车"，可以进入如图 3-17 所示的购物车管理页面，在此显示全部已选商品的详细列表信息，对不满意的商品可以选择删除。待完全确定所购买的物品后，用户可以单击生成订单购买商品。

本节任务就是编写购买商品和购物车管理的测试用例集。

 联系我们   我的购物车

图 3-16 网上商城页面

 您的购物车中有如下商品

商品编号	商品名称	商品价格	数量	单位	金额	删除
A002	索尼vai23n17c	12999.00	1 修改	个	12999.00	
K001	男士香水	98.00	1 修改	个	98.00	

合计: 13097.00 元

继续购物   清空商品 X   下一步 >

图 3-17 购物车管理页面

根据功能需求使用场景分析法，设计测试用例。

依据如上规格说明，使用场景分析法，设计用例如表 3-15 所示。

表 3-15  使用场景分析法设计用例

用例编号	03		编制时间	2012-7-3
功能特性	测试网上商城系统的"购物车"功能是否可以正常运行			
测试目的	验证数据的正确性			
前置条件	系统运行正常			

用例分支	操作描述	数据	预期结果	实际结果	P/F
01	单击"我的购物车"，弹出"购物车管理"页面 单击"清空商品"按钮		购物车中的商品信息被清空		
02	单击"我的购物车"，弹出"购物车管理"页面 输入正确商品数量，单击"修改"按钮	3	购物车中商品数量改为2		
03	单击"我的购物车"，弹出"购物车管理"页面 输入错误商品数量，单击"修改"按钮	a	购物车中商品数量保持不变		

用例分支	操作描述	数据	预期结果	实际结果	P/F
04	单击"我的购物车",弹出"购物车管理"页面 在商品列表中找到"东芝 satellite100A"项,单击后面的"删除"图标按钮		在商品列表中将"东芝 satellite100A"项删除		
05	单击"我的购物车",弹出"购物车管理"页面 单击"继续购物"按钮		返回网上商城购物页面,显示商品信息供用户选择		
06	单击"我的购物车",弹出"购物车管理"页面 单击"下一步"按钮		跳转至商品结算页面		

6.拓展任务

使用场景分析法设计超市管理系统"商品管理"模块的测试用例集,填写测试用例表。"商品管理"界面如图 3-18 所示。

网站管理员登录网站查看商品信息,选择某商品后,进行在线编辑,这时需要使用账号登录,登录成功后,进行在线编辑,编辑成功后,生成修改日志,完成整个修改过程。

图 3-18 商品管理界面

根据以上描述,使用场景分析法设计测试用例。

思考与练习

一、填空题

1. 等价类划分法作为一种最为典型的_____方法，它完全不考虑_____，以_____为依据，选择适当的_____，认真分析和推敲_____的各项需求，特别是功能需求，尽可能多地_____。

2. 有效等价类指对于程序规格说明来说，是_____的、_____的输入数据构成的集合。

3. 边界值分析法就是对_____进行测试的一种黑盒测试方法。

4. 错误推测法就是根据_____推测程序中所有可能存在的_____，从而有针对性地设计测试用例的方法。

二、简答题

1. 简述等价类的划分原则。
2. 怎样用边界值分析法设计测试用例？
3. 简述使用因果图法的基本步骤。
4. 简述场景法的基本设计步骤。

答案

一、填空题

1. 等价类划分法作为一种最为典型的黑盒测试方法，它完全不考虑程序的内部结构，以需求规格说明书为依据，选择适当的典型子集，认真分析和推敲说明书的各项需求，特别是功能需求，尽可能多地发现错误。

2. 有效等价类指对于程序规格说明来说，是合理的、有意义的输入数据构成的集合。

3. 边界值分析法就是对输入或输出的边界值进行测试的一种黑盒测试方法。

4. 错误推测法就是根据经验和直觉推测程序中所有可能存在的各种错误，从而有针对性地设计测试用例的方法。

二、简答题

1. 简述等价类的划分原则。

如何确定等价类成为使用等价类划分法过程中的重要问题，以下是进行等价类划分的几项依据。

按区间划分。在输入条件规定的取值范围或值的个数的情况下，可以确定一个有效等价类和两个无效等价类。

按数值划分。在规定了输入数据的一组值（假定有 n 个值），并且程序要对每个输入值分别处理的情况下，可以确定 n 个有效等价类和一个无效等价类。

按限制条件或规格划分。在规定输入数据必须遵守的规则的情况下，可以确定一个有效等价类和若干个无效等价类。

按数值集合划分。在输入条件规定了输入值的集合或规定了"必须如何"的条件下，可以确定一个有效等价类和一个无效等价类。

在确定已划分的等价类中各元素在程序处理中的方式不同的情况下，则应将该等价类进一步地划分为更小的等价类。

2. 怎样用边界值分析法设计测试用例？

（1）首先确定边界情况。通常输入或输出等价类的边界就是应该着重测试的边界情况。

（2）选取正好等于、刚刚大于或刚刚小于边界的值作为测试数据，而不是选取等价类中的典型值或任意值。

3. 简述使用因果图法的基本步骤。

（1）分析软件规格说明描述中哪些是原因，哪些是结果，原因是输入或输入条件的等价类，结果是输出条件。给每个原因和结果赋予一个标识符。

（2）分析软件规格说明描述中的语义。找出原因与结果之间、原因与原因之间的对应关系，并根据这些关系画出因果图。

（3）在因果图上用一些记号标明约束或限制条件。

（4）把因果图转换为判定表。

（5）依据判定表的每一列，设计测试用例。

4. 简述场景法的基本设计步骤。

（1）根据说明，描述出程序的基本流及各项备选流。

（2）根据基本流和各项备选流生成不同的场景

（3）对每一个场景生成相应的测试用例。

（4）对生成的所有测试用例重新复审，去掉多余的测试用例，测试用例确定后，对每一个测试用例确定测试数据值。

3.2 白盒测试用例设计

3.2.1 逻辑覆盖法

1. 工作任务描述

在上一节中我们已经使用了黑盒测试的相关方法对电子购物网站相关功能进行了测试用例设计，在本节中我们将使用白盒测试方法为此购物网站的相关功能源代码进行测试用例设计。任何系统的使用都由用户注册开始，因此，本节中依然以用户注册模块源代码开始进行白盒测试用例设计介绍。

用户注册模块中考虑到系统的交互性，用户在进行注册信息填写时，如果填写信息不符合数据合理性要求应该有相应的信息提示，如图 3-19 所示的用户名填写过程中出现的问题提示。

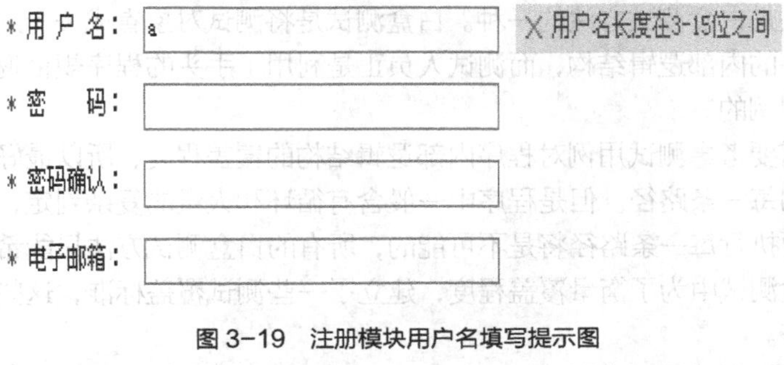

图 3-19 注册模块用户名填写提示图

由于篇幅关系本节中仅以用户名填写交互信息提示功能为例介绍测试用例的设计，源代码实现如下。

```
<%
u=DelStr(request("u"))
if u="" then
%>
document.getElementById("checkprint").innerHTML='<span
class="checkprintn"><font style="font-size:10px">✕</font> 请输入用户名</span>';
<%elseif len(u)<3 or len(u)>15 then%>
document.getElementById("checkprint").innerHTML='<span
class="checkprintn"><font style="font-size:10px">✕</font> 用户名长度在 3-15 位之间
</span>';
<%else
set rsf=server.CreateObject("adodb.recordset")
rsf.open "select   *   from Wrzcnet_user where username='"&u&"'",conn,1,1
if not rsf.eof then%>
document.getElementById("checkprint").innerHTML='<span
class="checkprintn"><font style="font-size:10px">✕</font>   用户名已被注册!</span>';
<%else%>
document.getElementById("checkprint").innerHTML='<span
class="checkprinty"><font style="font-size:12px">√</font> 用户名可以注册!</span>';
<%
end if
rsf.close
set rsf=nothing
end if
%>
```

本节任务就是对上述源代码进行测试，编写测试用例集。在此，我们使用最基本的白盒测试方法——逻辑覆盖法来设计测试用例。后面的各节将使用其他的方法继续设计相关的测试用例。

2．应知应会

（1）逻辑覆盖方法

逻辑测试方法是白盒测试方法的一种。白盒测试是将测试对象看成一个透明的盒子，测试人员可以看到程序的内部逻辑结构，而测试人员正是利用了手头的程序规格说明和程序清单为基础来设计测试用例的。

白盒测试法需要考虑测试用例对程序内部逻辑结构的覆盖程度，所以最好的白盒测试用例是要覆盖程序中的每一条路径。但是程序中一般含有循环和大量的复杂判定，因此所产生的路径数目也很大，要执行每一条路径将是不可能的，所有的白盒测试方法只能希望覆盖的程度尽可能高些。在白盒测试中为了衡量覆盖程度，建立了一些测试覆盖标准，这些标准有逻辑覆盖和基本路径测试等。

逻辑覆盖法根据测试用例中覆盖目标的不同，并且根据覆盖标准发现错误的能力从低向高又可以分为语句覆盖、判定覆盖、条件覆盖、判定/条件覆盖、条件组合覆盖和路径覆盖。在本节中将重点介绍前5种覆盖标准，路经覆盖标准将在下一节路径测试中重点介绍。

（2）语句覆盖

语句覆盖是一个比较弱的测试标准，对程序执行逻辑的覆盖很低。语句覆盖法是设计最少的测试用例，运行被测程序，使得程序中每一条可执行语句至少执行一次。如下面一段程序中存在两个语句块：语句块1和语句块2，在语句覆盖中只需要设计一个测试用例同时覆盖两个语句即可，如 $x=4$、$y=5$、$z=5$。

```
//示例程序 1
if((x>3)&&(z<10))
{        k=1;        //语句块 1
}
if((x==4)||(y>5))
{        k=0;        //语句块 2
}
```

语句覆盖在测试中主要用于发现缺陷或错误语句，是最弱的覆盖标准。在上例中可以看到对于每一个判定条件为假的分支没有测试到，同时对于每一个判定条件的内部结构没有测试到，因此，语句覆盖一般和其他覆盖组合使用。

（3）判定覆盖

判定覆盖，也称为分支覆盖，这种测试方法是设计若干个测试用例，运行被测程序，使得程序中的每一个判定（每一个分支）的真、假取值至少都通过一次。在上面的示例程序1中存在两个判定：$((x>3)\&\&(z<10))$ 和 $((x==4)||(y>5))$，在判定覆盖中需要至少两个测试用例，分别覆盖到判定条件1的真假值和判定条件2的真假值。如我们可以取 $x=4$、$y=5$、$z=5$ 和 $x=2$、$y=5$、$z=5$。

判定覆盖标准包含了分支覆盖，并且只比语句覆盖标准稍强一些，在判定覆盖法中，虽然把程序所有判定（分支）均覆盖到了，但其主要对整个判定表达式最终取值进行测试，而忽略了判定细节，如果在判定条件表达式的内部出现了问题则无法通过此种覆盖完全找出。在示例程序1中如果将 $y>5$ 误写成 $y<5$，上面提到的两个测试用例是无法检查到的。因此，还需要更强的逻辑覆盖准则去检验判断内部条件。

（4）条件覆盖

条件覆盖较之判定覆盖考虑了判定条件表达式中的每一个逻辑条件，这种测试方法是设计若干个测试用例，运行被测程序，使得每一判定表达式中每个逻辑条件的真、假取值至少都通过一次。在示例程序1中存在4个逻辑条件：$x>3$、$z<10$、$x=4$ 和 $y>5$，在条件覆盖中需要至少两个测试用例将这4个条件的真假值都覆盖到。如我们可以取 $x=4$、$y=6$、$z=10$ 和 $x=2$、$y=4$、$z=11$。

条件覆盖深入判定表达式中的每一个逻辑条件，但是测试用例可能不能满足判定覆盖的要求，如上面的两个测试用例均使第1个判定条件为假值，那么真值分支就无法覆盖到，同时语句1也无法覆盖到。因此，还需要考虑两者的组合使用。

（5）判定/条件覆盖

判定/条件覆盖是将判定覆盖和条件覆盖两个标准都覆盖到，这种测试方法是设计若干个测试用例，运行被测程序，使得程序中的每一个判定的真假取值以及每个判定中的每一个逻辑条件的真假取值都通过一次。

判定/条件覆盖充分解决了前3种覆盖的缺陷，但是这种覆盖方法依然存在缺陷。在程序中往往某些条件掩盖了另一些条件，因此会遗漏某些条件取值错误的情况。如示例程序 1 中的 $((x>3)\&\&(z<10))$ 判定条件，当 $x>3$ 为假时，编译器将不会检查 $z<10$ 这个逻辑条件，同理，对于第 2 个判定条件当 $x==4$ 为真时，也不会检查 $y>5$ 这个条件，这就是常说的"短路"现象。为彻底地检查所有条件的取值，需要将判定语句中给出的复合条件表达式进行分解，形成由多个基本判定嵌套的流程图。这样就可以有效地检查所有的条件是否正确了。

（6）条件组合覆盖

条件组合覆盖，也称多条件覆盖，这种测试方法是设计足够多的测试用例，运行被测程序，使得每个判定表达式中的逻辑条件的各种可能组合都至少通过一次。在示例程序 1 中需要对于第 1 个判定条件中的 $x>3$ 和 $z<10$ 两个逻辑条件真假值的 4 种组合，以及第 2 个判定条件中的 $x==4$ 和 $y>5$ 两个逻辑条件真假值的 4 种组合，共 8 个组合都要覆盖到。

条件符合测试是相当强的覆盖准则，可以有效地检查各种可能的条件取值的组合是否正确。它不但可覆盖所有逻辑条件的可能取值的组合，还可覆盖所有判定的所有分支。

3．学习案例

（1）"三角形判定"问题

在三角形判定中，要求三角形的 3 个边长：a、b 和 c，当 3 边不可能构成三角形时提示"无法构成三角形"；若是等腰三角形，打印"等腰三角形"；若是等边三角形，则提示"等边三角形"；否则提示构成普通三角形。

实现上诉三角形判定功能的 C 语言源代码如下：

```
void Triangletest(int a, int b, int c)     //a、b、c 分别为三角形的 3 条边长
{
if( a >= b + c || b >= a + c || c >= a+b )    //判定能否构成三角形
{      printf("三边无法构成三角形!\n");  }
else
{    if( a==b && a==c )   //判定是否为等边三角形
    {    printf("等边三角形!\n");        }
    if( a==c || a==b || b==c )    //判定是否为等腰三角形
        {      printf("等腰三角形!\n");        }
        else                //判定为普通三角形
        {    printf("一般三角形!\n");        }
    }
}
```

在利用逻辑覆盖法设计测试用例时，可以使用程序流程图直观地看到程序逻辑结构，然后使用依据不同的覆盖标准得到测试用例。

（2）"三角形判定"问题流程图

"三角形判定"问题的程序控制流程图如图 3-20 所示。

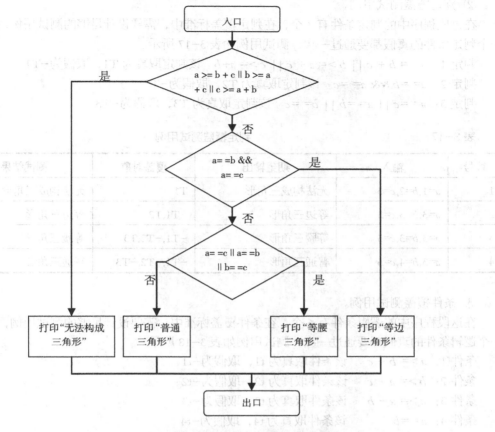

图 3-20 "三角形判定"问题程序控制流程图

（3）设计测试方案

① 语句覆盖测试用例。

在这段程序中的执行语句有 4 个，在语句覆盖标准中，需要设计至少 4 个测试用例，使得每一条语句都运行一次，测试用例如表 3-16 所示。

语句 1：打印"无法构成三角形"

语句 2：打印"普通三角形"

语句 3：打印"等腰三角形"

语句 4：打印"等边三角形"

表 3-16　　　　　　　　　　　　　　语句覆盖测试用例

编号	输入	期望输出	覆盖对象	测试结果
1	$a=1,b=2,c=3$	无法构成三角形	语句 1	无法构成三角形
2	$a=3,b=4,c=5$	普通三角形	语句 2	普通三角形
3	$a=3,b=3,c=5$	等腰三角形	语句 3	等腰三角形
4	$a=3,b=3,c=3$	等边三角形	语句 4	等边三角形

② 判定覆盖测试用例。

在这段程序中的判定条件有 3 个，在判定覆盖标准中，需要设计足够的测试用例，使得每一个判定条件的真假都要通过一次，测试用例如表 3-17 所示。

判定 1：$a >= b + c$ || $b >= a + c$ || $c >= a+b$ 该判定取真为 T1，取假为-T1

判定 2：$a = = b$ && $a = = c$ 该判定取真为 T2，取假为-T2

判定 3：$a = = c$ || $a = = b$ || $b = = c$ 该判定取真为 T3，取假为-T3

表 3-17   判定覆盖测试用例

编号	输入	期望输出	覆盖对象	测试结果
1	$a=1,b=2,c=3$	无法构成三角形	T1	无法构成三角形
2	$a=3,b=3,c=3$	等边三角形	−T1,T2	等边三角形
3	$a=3,b=3,c=5$	等腰三角形	−T1,−T2,T3	等腰三角形
4	$a=3,b=4,c=5$	普通三角形	−T1,−T2,−T3	普通三角形

③ 条件覆盖测试用例。

在这段程序中的逻辑条件有 6 个，在条件覆盖标准中，需要设计足够的测试用例，使得每一个逻辑条件的真假都要通过一次，测试用例如表 3-18 所示。

条件 1：$a >= b + c$ 该条件取真为 t1，取假为-t1

条件 2：$b >= a + c$ 该条件取真为 t2，取假为-t2

条件 3：$c >= a + b$ 该条件取真为 t3，取假为-t3

条件 4：$a = = b$ 该条件取真为 t4，取假为-t4

条件 5：$a = = c$ 该条件取真为 t5，取假为-t5

条件 6：$b = = c$ 该条件取真为 t6，取假为-t6

表 3-18   条件覆盖测试用例

编号	输入	期望输出	覆盖对象	测试结果
1	$a=4,b=2,c=1$	无法构成三角形	t1,−t2,−t3,−t4,−t5,−t6	无法构成三角形
2	$a=2,b=4,c=1$	无法构成三角形	−t1,t2,−t3,−t4,−t5,−t6	无法构成三角形
3	$a=1,b=2,c=4$	无法构成三角形	−t1,−t2,t3,−t4,−t5,−t6	无法构成三角形
4	$a=3,b=3,c=3$	等边三角形	−t1,−t2,−t3,t4,t5,t6	等边三角形

④ 判定/条件覆盖测试用例

在判定/条件覆盖标准中，需要设计足够的测试用例，使得每一个判定的真假以及每一个逻辑条件的真假都要通过一次，测试用例如表 3-19 所示。

表 3-19　　　　　　　　　　　　　　　判定/条件覆盖测试用例

编号	输入	期望输出	覆盖对象	测试结果
1	$a=4,b=2,c=1$	无法构成三角形	t1,−t2,−t3,−t4,−t5,−t6,T1	无法构成三角形
2	$a=2,b=4,c=1$	无法构成三角形	−t1,t2,−t3,−t4,−t5,−t6,T1	无法构成三角形
3	$a=1,b=2,c=4$	无法构成三角形	−t1,−t2,t3,−t4,−t5,−t6,T1	无法构成三角形
4	$a=3,b=3,c=3$	等边三角形	−t1,−t2,−t3,t4,t5,t6,−T1,T2	等边三角形
5	$a=3,b=3,c=5$	等腰三角形	−t1,−t2,−t3,t4,−t5,−t6,−T1,−T2,T3	等腰三角形
6	$a=3,b=4,c=6$	普通三角形	−t1,−t2,−t3,−t4,−t5,−t6,−T1,−T2,−T3	普通三角形

⑤ 组合条件覆盖测试用例

在判定/条件覆盖标准中，需要设计足够的测试用例，使得每一个判定的逻辑条件的可能组合都要通过一次，每一个判定的所有组合结果如表 3-20 所示。

表 3-20　　　　　　　　　　　　　　　组合条件覆盖测试用例

判定表达式	逻辑条件	组合情况	组合编号
T1:$a >= b + c \|\| b >= a + c \|\| c >= a + b$	t1: $a >= b + c$ t2: $b >= a + c$ t3: $c >= a + b$	t1,t2,t3	1
		t1,t2,−t3	2
		t1,−t2,t3	3
		t1,−t2,−t3	4
		−t1,t2,t3	5
		−t1,t2,−t3	6
		−t2,−t2,t3	7
		−t1,−t2,−t3	8
$a= =b \&\& a= =c$	t4:$a= =b$ t5: $a= =c$	t4,t5	9
		t4,−t5	10
		−t4,t5	11
		−t4,−t5	12
$a= =c \|\| a= =b \|\| b= =c$	t5: $a= =c$ t4:$a= =b$ t6: $b= =c$	t4,t5,t6	13
		t4,t5−t6	14
		t4,−t5,t6	15
		t4,−t5,−t6	16
		−t4,t5,t6	17
		−t4,t5−t6	18
		−t4,−t5,t6	19
		−t4,−t5,−t6	20

从表 3-20 中可以看到组合 9、组合 10、组合 11、组合 12 包含在组合 13~组合 20 中,因此在进行测试用例设计时,可以不考虑。同时在上述组合中有一些条件组合无法达到,它们是:组合 1、组合 2、组合 3、组合 5、组合 14、组合 15、组合 17,因此在设计测试用例时,只需要考虑组合 4,组合 6、组合 7、组合 8、组合 13、组合 16、组合 18、组合 19、组合 20。形成的测试用例如表 3-21 所示。

表 3-21   只考虑组合 4 的测试用例

编号	输入	期望输出	覆盖对象	测试结果
1	$a=4,b=2,c=1$	无法构成三角形	组合 4、组合 20	无法构成三角形
2	$a=2,b=4,c=1$	无法构成三角形	组合 6、组合 20	无法构成三角形
3	$a=1,b=2,c=4$	无法构成三角形	组合 7、组合 20	无法构成三角形
4	$a=3,b=3,c=3$	等边三角形	组合 8、组合 13	等边三角形
5	$a=3,b=3,c=5$	等腰三角形	组合 8、组合 16	等腰三角形
6	$a=3,b=4,c=6$	普通三角形	组合 8、组合 20	普通三角形
7	$a=3,b=5,c=3$	等腰三角形	组合 8、组合 18	等腰三角形
8	$a=5,b=3,c=3$	等腰三角形	组合 8、组合 19	等腰三角形

(4)逻辑覆盖强弱关系

5 种逻辑覆盖标准的包含关系如图 3-21 所示。

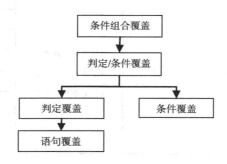

图 3-21　5 种逻辑覆盖标准的包含关系图

从上述的案例分析以及各种逻辑覆盖标准所得到的测试用例中可以看到,条件组合覆盖标准所形成的测试用例覆盖了所有条件的可能取值的组合,覆盖了所有判定的可取分支,而所有的执行语句都是在程序的某一条分支下的,因此,条件组合覆盖的测试用例覆盖了所有的可执行语句。

4.模仿设计测试用例练习

"日期判定"问题:从键盘输入 3 个整数,由这 3 个整数作为年、月、日组成日期,但是并不是任意的 3 个整数都可以组成正确的日期,因此,需要对于输入的 3 个整数进行判定,由 C 语言编写的主体代码如下。

```
int isdate(int y, int m, int d)        //y、m、d 分别代表年、月、日
{    int dayarray[13] = {0,31,28,31,30,31,30,31,31,30,31,30,31};
     int days;                //每月的最大天数变量
```

```
        days = dayarray[m];
        if (m = = 2 && (y % 4 == 0 && y % 100 !=0 || y % 400 ==0))
        {        //判定闰年 2 月的天数
            days++;
        }
        if (m >= 1 && m <= 12 && d >= 1 && d <= days)
        {    //判定给出的月和日是否合理
            return 1;
        }
        else
        {
            printf("请检查您设置的时间是否正确！\n");
            return 0;
        }
    }
```

请对于上述的源代码进行白盒测试，分析程序中的执行语句有哪些，分析程序中的判定条件有哪些，分析每一个判定中的逻辑条件有哪些，分别使用语句覆盖、判定覆盖、条件覆盖、判定/条件覆盖和条件组合覆盖标准来设计测试用例。并分析各种覆盖标准得到的测试用例的覆盖强弱关系。

5．实际案例

使用逻辑覆盖法为网上商城系统的"用户注册"功能中用户名填写交互信息提示子功能设计测试用例。

（1）程序的流程图

程序的流程图如图 3-22 所示。

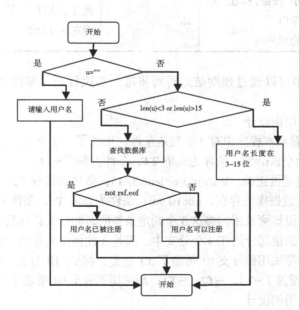

图 3-22 用户名填写交互功能程序流程图

（2）语句覆盖测试用例设计

从图 3-22 中可以看到程序的执行语句有 4 句，在语句覆盖中设计测试用例覆盖这 4 条语句如表 3-22 所示。

表 3-22　　　　　　　　　　　在语言覆盖中覆盖 4 条语句的测试用例

用例编号	01		编制时间	2012-8-3
功能特性	测试网上商城系统的"用户注册"——用户名填写交互信息提示功能是否可以正常运行			
测试目的	验证数据的正确性			
前置条件	系统运行正常且成功进入注册界面			

用例分支	操作描述	数据	预期结果	实际结果	P/F
01	单击"注册"按钮，弹出"用户注册"窗口 输入用户名为空	空	提示：请输入用户名		
02	单击"注册"按钮，弹出"用户注册"窗口 输入正确的用户名	abc	提示：用户名可以注册		
03	单击"注册"按钮，弹出"用户注册"窗口 输入已有的用户名	abc	提示：用户名已被注册		
04	单击"注册"按钮，弹出"用户注册"窗口 输入错误的用户名	ab	提示：用户名长度在 3~15 位		

在此测试用例表中可以通过预期结果看到将每一条执行语句都覆盖到了，完成语句覆盖标准。

（3）判定覆盖测试用例设计

由图 3-22 中可以看到本程序中有 3 个判定条件，形成了 4 个分支，这 3 个判定条件为：

T1：用户名是否为空，u=""；条件为真取 T1，条件为假取-T1。

T2：用户名的长度是否正确，len(u)<3 or len(u)>15；条件为真取 T2，条件为假取-T2。

T3：用户名是否在数据库已存在，not rsf.eof；条件为真取 T3，条件为假取-T3。

在判定覆盖中需要设计测试用例将这 3 个判定条件的真假分支都执行一次，同时我们看到在语句覆盖中提到的 4 条语句分别在 4 个分支中，因此在此例中完成语句覆盖的同时也完成了判定覆盖。如上表中的测试用例分支 01 覆盖了 T1 分支；测试用例分支 02 覆盖了-T1、-T2、T3；测试用例分支 03 覆盖了-T1、-T2、-T3；测试用例分支 04 覆盖了-T1、T2。

（4）条件覆盖测试用例设计

从图 3-22 中可以看到程序中的第 2 个判定条件 len(u)<3 or len(u)>15 中含有两个逻辑条件，

因此本例中的逻辑条件有 4 个，需要设计测试用例将这 4 个逻辑条件的真假值都覆盖到，逻辑条件描述如下。

t1： u=""　　　　条件为真取 t1，条件为假取-t1。
t2： len(u)<3　　条件为真取 t2，条件为假取-t2。
t3： len(u)>15　条件为真取 t3，条件为假取-t3。
t4： not rsf.eof　条件为真取 t4，条件为假取-t4。

测试用例如表 3-23 所示。

表 3-23　　　　　　　　　　　　　　　　条件覆盖测试用例

用例编号	02			编制时间		2012-8-3
功能特性	测试网上商城系统的"用户注册"——用户名填写交互信息提示功能是否可以正常运行					
测试目的	验证数据的正确性					
前置条件	系统运行正常且成功进入注册界面					
用例分支	操作描述	数据		预期结果	实际结果	P/F
01	单击"注册"按钮，弹出"用户注册"窗口 输入用户名为空	空		提示：请输入用户名		
02	单击"注册"按钮，弹出"用户注册"窗口 输入正确的用户名	abc		提示：用户名可以注册		
03	单击"注册"按钮，弹出"用户注册"窗口 输入已有的用户名	abc		提示：用户名已被注册		
04	单击"注册"按钮，弹出"用户注册"窗口 输入错误的用户名	ab		提示：用户名长度在 3-15 位之间		
05	单击"注册"按钮，弹出"用户注册"窗口 输入错误的用户名	abcd		提示：用户名长度在 3-15 位之间		

在此测试用例表中可以看到，测试用例分支 01 覆盖了条件 t1；测试用例分支 02 覆盖了条件-t1、-t2、-t3、t4；测试用例分支 03 覆盖了条件-t1、-t2、-t3、-t4；测试用例分支 04 覆盖了条件-t1，t2，-t3，t4；测试用例分支 05 覆盖了条件-t1、-t2、t3、t4。

（5）判定/条件覆盖测试用例设计

在本例中介绍的条件覆盖用例不仅仅覆盖了所有的逻辑条件，同时也覆盖到了 4 个分支，因此，判定/条件覆盖测试用例同上。

（6）条件组合覆盖测试用例设计

本例中的第 2 个判定条件 len(u)<3 or len(u)>15 中含有两个逻辑条件 t2 和 t3，需要对其进行条件组合，条件组合描述如下：

组合 1：t1、-t2　即 len(u)<3 且 len(u)<=15

组合 2：–t1、t2　即　len(u)>=3 且 len(u)>15

组合 3：–t1、–t2　即　len(u)>=3 且 len(u)<=15

组合 4：t1、t2　即　len(u)<3 且 len(u)>15

从上述描述中可以看到组合 4 无法实现，将其排除。这样我们可以从条件覆盖测试用例表中找到这 3 个条件组合，因此，在本例中的条件组合测试用例也可以使用条件覆盖测试用例。

6．拓展任务

用户对其资料进行管理时，可以对登录密码进行修改。使用逻辑覆盖测试法设计网上购物系统中的"用户密码修改"模块的测试用例集，填写测试用例表。"用户密码修改"界面设计如图 3–23 所示。

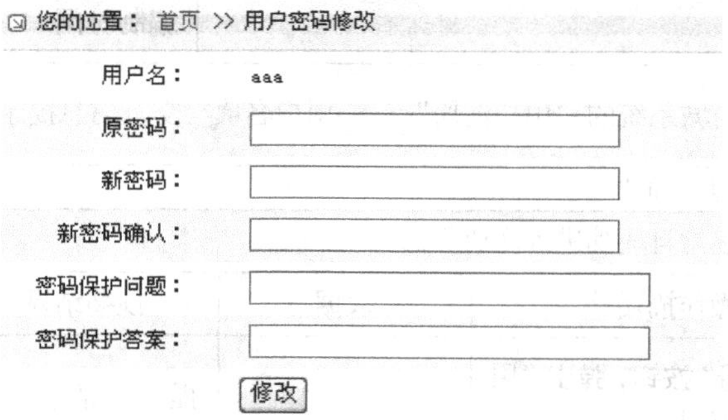

图 3–23 用户密码修改界面

完成用户密码修改的源代码实现如下，请用本节中介绍的逻辑覆盖测试法完成测试用例的设计。

```
<%user_name=Request.Cookies("Wrzcnet")("user_name")
chklogin(user_name)
oldpass=DelStr(request("oldpass"))
pass1=DelStr(request("pass1"))
pass2=DelStr(request("pass2"))
if pass1="" or pass2="" or oldpass="" then
    response.write "新密码和原密码不得为空，<a href=# onClick=history.go(-1)><font
color=#ff0000>返回</font></a> "
    elseif pass1<>pass2 then
    response.write "新密码和确认密码不一致，<a href=# onClick=history.go(-1)><font
color=#ff0000>返回</font></a> "
    else
            oldpass=md5(oldpass)
            pass1=md5(pass1)
            set rs=server.createobject("adodb.recordset")
            sql="select   *   from   Wrzcnet_user   where   username='"&user_name&'"   and
userpass='"&oldpass&'""
            rs.open sql,conn,1,3
            if rs.eof then
```

```
response.write "原密码输入错误，请确认，<a href=# onClick=history.go(-1)><font
color=#ff0000>返回</font></a> "
        else
        rs("userpass")=pass1
        rs("question")=DelStr(request("question"))
        rs("answer")=DelStr(request("answer"))
        rs.update
        response.write  " 用户密码更改完毕, 请记牢你的新密码，<a  href=#
onClick=history.go(-1)><font color=#ff0000>返回</font></a> "
        end if
        rs.close
        set rs=nothing

end if%>
```

3.2.2 路径测试法

1．工作任务描述

在购物网站中，当用户选择完商品进行结算时，会员用户可以选择使用优惠券，如图 3-24 所示。

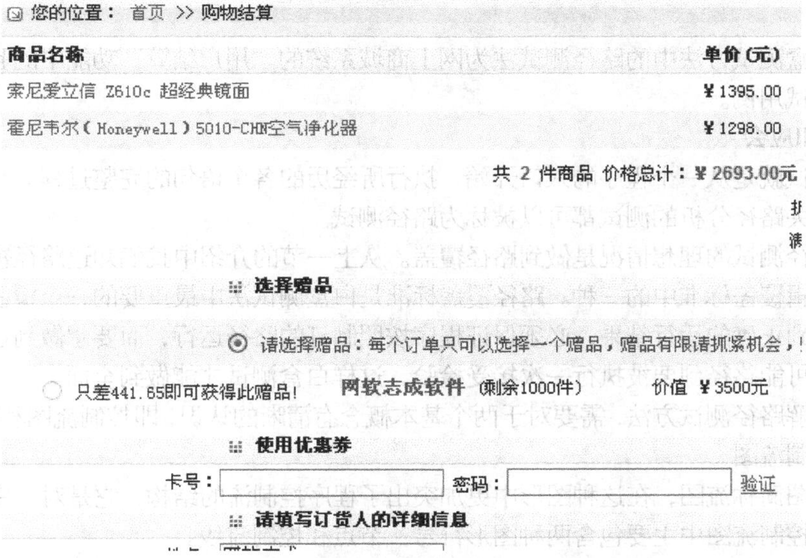

图 3-24 购物结算界面

如图 3-24 所示，会员使用优惠券时需要填写优惠券卡号和密码，然后单击验证进行优惠券验证，此段验证优惠券源代码如下。

```
<%
if request("quan_no")<>"" and request("quan_pass")<>"" then
 totalcash=request("tcash")
```

```
set rsp=server.createobject("adodb.recordset")
rsp.open "select * from Wrzcnet_quan where quan_no='"&DelStr(request("quan_no"))&"' and
quan_pass='"&DelStr(request("quan_pass"))&"' and quan_date>#"&now()&"#",conn,1,1
    if not rsp.eof then
        quan_man=rsp("quan_man")
        if quan_man<=totalcash then
            response.write  "<span style=""color:#008000;"">恭喜您，验证通过，您可以使用
此优惠券抵消"&rsp("quan_cash")&"元!</span>"
        else
        response.write  "<span style=""color:#f00;"">抱歉！满"&quan_man&"元才可以使用此优
惠券!</span>"
        end if
    else
        response.write  "<span style=""color:#f00;"">抱歉！优惠券不存在或已过期!</span>"
    end if
    rsp.close
    set rsp=nothing
else
    response.write  "<span style=""color:#f00;"">抱歉！请输入优惠券卡号和密码!</span>"
    end if
%>
```

使用白盒测试方法中的路径测试法为网上商城系统的"用户结算"功能中的验证优惠券子功能设计测试用例。

2．应知应会

路径测试就是从一个程序的入口开始，执行所经历的各个语句的完整过程。从广义的角度讲，任何有关路径分析的测试都可以被称为路径测试。

完成路径测试的理想情况是做到路径覆盖。从上一节的介绍中我们知道路径覆盖是白盒测试方法中逻辑覆盖标准中的一种。路径覆盖标准是白盒测试法中最重要的一个覆盖标准，因为程序要想得到正确的运行结果，必须保证程序按照制订的路径运行，而要想做到这一点，程序中的每一条可能路径到要被执行一次接受检验，这样白盒测试才能做到全面。

为了了解路径测试方法，需要对于两个基本概念有清晰的认识，即控制流图和路径表达式。

（1）控制流图

控制流图简称流图，在这种图形中更加突出了程序控制流的结构，它是对程序流程图的一种简化。在控制流图中主要包含两种图形符号：节点和控制流线。

① 节点是将代表一个或多个语句、一个处理框序列和一个条件判断框（假设不包含复合判定条件）由带标号的圆圈表示。如果程序中存在复合判定条件，可以将条件分解为多个单个条件。包含判定条件的节点也称为判定节点。在控制流图中从判定节点出发最后需要汇聚为一个节点，因此有时需要添加虚节点表示汇聚节点。

② 控制流线也称之为边，是将程序中的控制流由带箭头的弧或线表示。

是将几种常见的程序流程图转换为控制流图如图 3-25 所示。

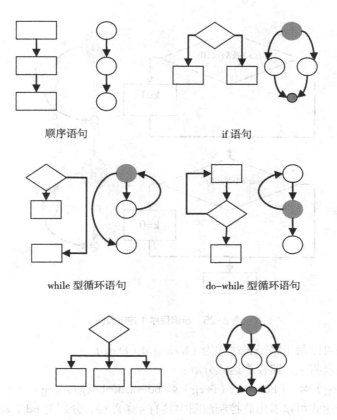

顺序语句   if 语句

while 型循环语句   do-while 型循环语句

多分支语句

图 3-25　常见控制流图

（2）路径表达式

路径可以用控制流图中表示程序通路的节点序列表示，也可用弧线表示。

路径表达式是针对控制流图中的弧进行加和乘两种运算形成的数学表达式。弧 a 乘弧 b（描述成 ab）表示流图中先沿弧 a 再沿弧 b 所经历的路径；弧 a 加弧 b（描述成 a+b）表示流图中弧 a 和弧 b 的关系为或关系。

路径表达式和数学表达式一样有相应的运算率，常用的路径表达式如下。

① 加法交换律：$a+b=b+a$。

② 加法结合律：$a+(b+c)=(a+b)+c$。

③ 加法幂等律：$a+a=a$。

④ 乘法结合律：$a(bc)=(ab)c=abc$。

⑤ 分配律：$a(b+c)=ab+ac$

$\qquad\qquad (a+b)c=ac+bc$

$\qquad\qquad (a+b)(c+d)=a(c+d)+b(c+d)$。

⑥ 乘法不满足交换律。

将上节中的示例程序 1 的程序控制图转换为流图如图 3-26 所示。

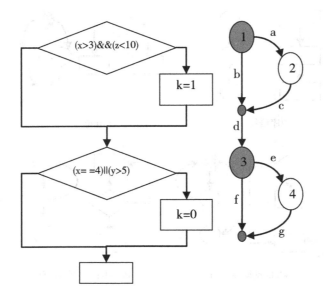

图 3-26　示例程序 1 控制流图

根据控制流图可以写出路径表达式为（b+ac）d（f+eg）。

使用分配率可以将上述路径表达式分解：

（b+ac）d（f+eg）⇔（bd+acd）（f+eg）⇔ bdf+acdf+bdeg+acdeg

从分解后的表达式可以看出此控制流图中共有 4 条路径，分别为 bdf、acdf、bdeg 和 acdeg。

（3）路径测试方法

路径测试方法的测试步骤描述如下。

① 将待测试程序的流程图转换成控制流图，在控制流图中给每一条弧用符号标明。

② 根据控制流图写出路径表达式，对路径表达式进行分解。

③ 进行路径表达式计算，即将表达式中的每一条弧取值为 1，然后依加法和乘法运算得到路径数。

④ 通过路径条件枚举产生特定路径测试用例。

3．学习案例

对于上一节提到的"三角形判定"问题使用路径测试方法设计测试用例。为了完成路径测试需要先画出控制流图，由于在控制流图中需要将复杂判定条件分解成简单判定条件，因此将"三角形判定"问题中的复合判定表达式进行分解，修改后的源代码如下。

```
void fun(int a,int b,int c)
{
if(a<b+c)                    //条件 1
{   if(b<a+c)                //条件 2
    {   if(c<b+a)            //条件 3
        {   if(a==b)         //条件 4
            {   if(a==c)     //条件 5
                {printf("等边三角形!\n");}
                else {printf("等腰三角形!\n");}
```

```
            }
            else
            {    if(a==c)            //条件6
                 {printf("等腰三角形!\n");}
                 else
                 {    if(b==c)        //条件7
                      {printf("等腰三角形!\n");}
                      else {printf("一般三角形!\n");}
                 }
            }
        }
        else {printf("无法构成三角形!\n");}
        }
        else {printf("无法构成三角形!\n");}
    }
    else {printf("无法构成三角形!\n");}
}
```

（1）画出控制流图

对于修改后的程序，分析程序流程图，画出控制流图如图 3-27 所示，在控制流图中，用带有 1、2、3、4、5、6、7 标号的节点表示源程序中的 7 个判定条件，并引入 3 个汇聚节点，分别为无法构成三角形汇聚点 a1、等腰三角形判定汇聚节点 a2、程序汇聚节点 a3。

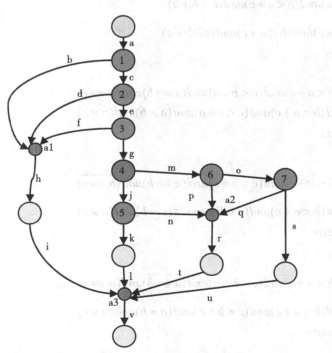

图 3-27　"三角形判定"问题控制流图

（2）写出路径表达式并进行分解

a(bhi+c(dhi+e(fhi+g(j(kl+nrt)+m(prt+o(qrt+su))))))v

$\Leftrightarrow$ a(bhi+c(dhi+e(fhi+g(j(kl+nrt)+m(prt+oqrt+osu)))))v

$\Leftrightarrow$ a(bhi+c(dhi+e(fhi+g(jkl+jnrt+mprt+moqrt+mosu))))v

$\Leftrightarrow$ a(bhi+c(dhi+e(fhi+gjkl+gjnrt+gmprt+gmoqrt+gmosu)))v

$\Leftrightarrow$ a(bhi+c(dhi+efhi+egjkl+egjnrt+egmprt+egmoqrt+egmosu))v

$\Leftrightarrow$ a(bhi+cdhi+cefhi+cegjkl+cegjnrt+cegmprt+cegmoqrt+cegmosu)v

$\Leftrightarrow$ abhiv+acdhiv+acefhiv+acegjklv+acegjnrtv
　　　　+acegmprtv+acegmoqrtv+acegmosuv

（3）计算路径表达式并写出路径

从上述路径表达式中可以计算出共有路径数为8，这8条路径分别如下。

路径1：abhiv

条件： $\overline{a<b+c}$

　　　$\Leftrightarrow$ $a\geqslant b+c$

路径2：acdhiv

条件： $(a<b+c)and(\overline{b<a+c})$

　　　$\Leftrightarrow$ $(a<b+c)and(b\geqslant a+c)$

路径3：acefhiv

条件： $(a<b+c)and(b<a+c)and(\overline{c<b+a})$

　　　$\Leftrightarrow$ $(a<b+c)and(b<a+c)and(c\geqslant b+a)$

路径4：acegjklv

条件：

$(a<b+c)and(b<a+c)and(c<b+a)and(a==b)and(a==c)$

$\Leftrightarrow (a<b+c)and(b<a+c)and(c<b+a)and(a=b)and(a=c)$

路径5：acegjnrtv

条件：

$(a<b+c)and(b<a+c)and(c<b+a)and(a==b)and(\overline{a==c})$

$\Leftrightarrow (a<b+c)and(b<a+c)and(c<b+a)and(a=b)and(a\neq c)$

路径6：acegmprtv

条件：

$(a<b+c)and(b<a+c)and(c<b+a)and(\overline{a==b})and(a==c)$

$\Leftrightarrow (a<b+c)and(b<a+c)and(c<b+a)and(a\neq b)and(a=c)$

路径7：acegmoqrtv

条件：

$$(a<b+c)and(b<a+c)and(c<b+a)$$
$$and(\overline{a==b})and(\overline{a==c})and(b==c)$$

$$\Leftrightarrow (a<b+c)and(b<a+c)and(c<b+a)$$
$$and(a \neq b)and(a \neq c)and(b=c)$$

路径 8：acegmosuv
条件：

$$(a<b+c)and(b<a+c)and(c<b+a)$$
$$and(\overline{a==b})and(\overline{a==c})and(\overline{b==c})$$

$$\Leftrightarrow (a<b+c)and(b<a+c)and(c<b+a)$$
$$and(a \neq b)and(a \neq c)and(b \neq c)$$

（4）根据路径设计测试用例

根据路径设计测试用例如表 3-24 所示。

表 3-24　　　　　　　　　　测试用例

编号	输入	期望输出	覆盖路径	测试结果
1	a=5,b=1,c=2	无法构成三角形	abhiv	无法构成三角形
2	a=1,b=5,c=2	无法构成三角形	acdhiv	无法构成三角形
3	a=1,b=2,c=5	无法构成三角形	acefhiv	无法构成三角形
4	a=3,b=3,c=3	等边三角形	acegjklv	等边三角形
5	a=3,b=3,c=4	等腰三角形	acegjnrtv	等腰三角形
6	a=3,b=4,c=3	等腰三角形	acegmprtv	等腰三角形
7	a=4,b=3,c=3	等腰三角形	acegmoqrtv	等腰三角形
8	a=2,b=3,c=4	普通三角性	acegmosuv	普通三角性

4．模仿设计测试用例练习

博弈论中的经典案例"囚徒困境"：即 A、B 两个同犯被隔离审查，均被告之可能有 3 种结果。如果都不招供，各判 1 年徒刑；如 A 招供，B 未招供，A 将被释放，B 被判 10 年徒刑，反之亦然；如都招供，都被判 5 年徒刑。

分别用 1 与 0 代表招供与不招供，源程序如下。

```
if(a==1)
{    if(b= =1)
    {    printf("A、B 被判 5 年徒刑");}
    else
    {    printf("A 将被释放，B 被判 10 年徒刑");}
}
else
{    if(b= =1)
    {    printf("B 将被释放，A 被判 10 年徒刑");}
    else
    {    printf("A、B 被判 1 年徒刑");}
}
```

请使用路径测试法为"囚徒困境"问题设计测试用例。

5．实际案例

使用路径测试法为网上商城系统的"购物结算"功能中优惠券验证子功能设计测试用例。

（1）画出程序流程图

程序流程图如图 3-28 所示。

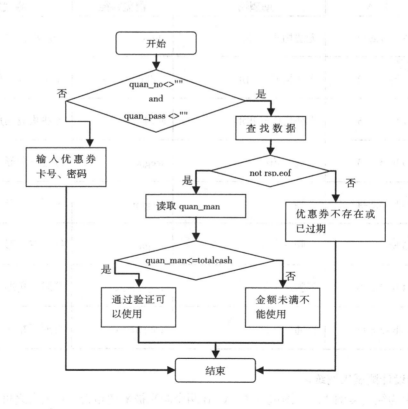

图 3-28　"优惠券验证"程序流程图

（2）画出控制流图

从程序流程图中可以看到第一个判定条件 quan_no<>""and quan_pass <>""是复合判定条件，需要将其进行分解，分解后的部分流程图如图 3-29 所示。

根据上述流程图画出控制流图，如图 3-30 所示。

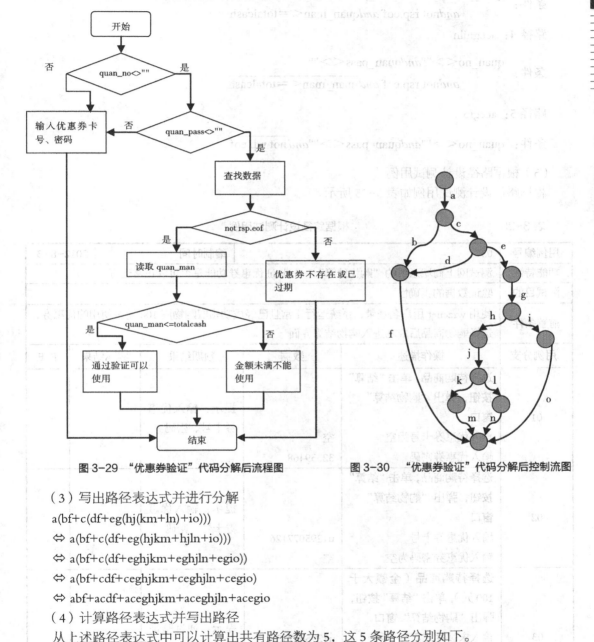

图 3-29 "优惠券验证"代码分解后流程图　　　　图 3-30 "优惠券验证"代码分解后控制流图

（3）写出路径表达式并进行分解

a(bf+c(df+eg(hj(km+ln)+io)))

⇔ a(bf+c(df+eg(hjkm+hjln+io)))

⇔ a(bf+c(df+eghjkm+eghjln+egio))

⇔ a(bf+cdf+ceghjkm+ceghjln+cegio)

⇔ abf+acdf+aceghjkm+aceghjln+acegio

（4）计算路径表达式并写出路径

从上述路径表达式中可以计算出共有路径数为 5，这 5 条路径分别如下。

路径 1：abf

条件：$\overline{quan\_no<>""}$

路径 2：acdf

条件：quan_no<>""andquan_pass<>""‾

路径 3：aceghjkm

条件：quan_no<>""andquan_pass<>""
andnot rsp.eof andquan_man<=totalcash

路径 4：aceghjln

条件：quan_no<>""andquan_pass<>""‾
andnot rsp.eof andquan_man<=totalcash‾

路径 5：acegio

条件：quan_no<>""andquan_pass<>""andnot rsp.eof‾

（5）根据路径设计测试用例

根据路径设计测试用例如表 3-25 所示。

表 3-25　　　　　　　　　　　根据路径设计测试用例

用例编号	03		编制时间		2012-8-3
功能特性	测试网上商城系统的"购物结算"——验证优惠券功能是否可以正常运行				
测试目的	验证数据的正确性				
前置条件	使用 wrzcnet 用户名登录，系统运行正常且已经成功领取购物满 100 元可使用的优惠券，选择购物商品后成功进入购物结算界面				
用例分支	操作描述	数据	预期结果	实际结果	P/F
01	选择待购商品，单击"结算"按钮，弹出"购物结算"窗口 输入优惠券卡号为空 输入优惠券密码	空 32359468	提示：输入优惠券卡号、密码		
02	选择待购商品，单击"结算"按钮，弹出"购物结算"窗口 输入优惠券卡号 输入优惠券密码为空	u1295077126 空	提示：输入优惠券卡号、密码		
03	选择待购商品（金额大于 100 元），单击"结算"按钮，弹出"购物结算"窗口 输入未过期优惠券卡号 输入优惠券密码 购物金额已经达到优惠券使用金额	u1295077126 32359468 选择金额大于 100 元的商品	提示：通过验证可以使用		

用例分支	操作描述	数据	预期结果	实际结果	P/F
04	选择待购商品，单击"结算"按钮，弹出"购物结算"窗口 输入未过期优惠券卡号 输入优惠券密码 购物金额没有达到优惠券使用金额	u1295077126 32359468 选择金额小于100 的商品	提示：金额未满不能使用		
05	选择待购商品，单击"结算"按钮，弹出"购物结算"窗口 输入过期优惠券卡号 输入优惠券密码	u1277495848 31602785	提示：优惠券不存在或已过期		

6．拓展任务

使用本节中介绍的路径测试方法完成网上商城系统的"用户注册"功能中用户名填写交互信息提示子功能（功能模块界面和源代码见 3.2.1 小节的工作任务描述）设计测试用例。

3.2.3 基本路径法

1．工作任务描述

在本节中使用白盒测试方法中最经典的基本路径法为网上购物系统中的"用户密码修改"模块的测试用例集，填写测试用例表。"用户密码修改"模块界面和源代码见 3.2.1 小节的拓展任务。

2．应知应会

3.2.2 小节中提到任何有关路径分析的测试都可以被称为路径测试。而我们也知道完成路径测试的理想情况是做到路径覆盖，但对于复杂性强的程序要做到所有路径覆盖（测试所有可执行路径）是不可能的。在不能做到所有路径覆盖的前提下，可以使用基本路径测试方法。

基本路径测试方法把覆盖的路径数压缩到一定限度内，程序中的循环体最多只执行一次。它是在程序控制流图的基础上，分析控制构造的环形复杂性，导出基本可执行路径集合，设计测试用例的方法。设计出的测试用例要保证在测试中，程序的每一个可执行语句至少要执行一次。

（1）基本概念

在使用基本路径测试方法设计测试用例之前，我们需要对于几个基本概念有清晰的认识，即独立路径和环形复杂度。

① 独立路径

独立路径是指至少包含有一条在其他独立路径中从未有过的边的路径，也就是指在程序中至少引入一个新的处理语句集合或一个新条件的程序通路。

② 环形复杂度

环形复杂度也称为圈复杂度，是一种为程序逻辑复杂性提供定量测度的软件度量，将该度量用于计算程序的基本的独立路径数目，为确保所有语句至少执行一次的测试数量的上界。

（2）基本路径测试方法步骤

基本路径测试方法的步骤描述如下。

① 画出程序的控制流图，在控制流图中标明节点和弧，明确哪些节点为判定节点，并保证判定节点要有对应的汇聚节点，形成相应的区域。区域是由节点和弧组成的限定范围，且计算区域时也需要包含控制流图中的外部范围。如图 3-31 所示的循环语句控制结构流图中共有两个区域。

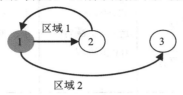

图 3-31　区域

② 计算控制流图的环形复杂度，有 3 种方法可对其进行计算。

第 1 种方法：给定控制流图 G 的环形复杂度 $V(G)$，$V(G)$ 的值等于控制流图 G 中的区域个数；如图 3-31 中所示的区域个数为 2，所以 $V(G)=2$。

第 2 种方法：给定控制流图 G 的环形复杂度 $V(G)=E-N+2$，E 是控制流图 G 中边的数量，N 是控制流图中节点的数量；如图 3-31 中所示的边个数为 3，节点个数为 3，所以 $V(G)=3-3+2=2$。

第 3 种方法：给定控制流图 G 的环形复杂度 $V(G)=P+1$，P 是控制流图 G 中判定结点的数量。如图 3-31 中的判定节点个数为 1，所以 $V(G)=1+1=2$。

③ 根据环形复杂度个数导出独立路径个数，独立路径个数等于环形复杂度，如图 3-31 中所示有两个独立路径。

独立路径 1：1→3；

独立路径 2：1→2→1→3。

然后独立路径设计输入数据，使测试用例分别执行上面的独立路径。

3．学习案例

使用 C 语言为"学生成绩统计系统"编写系统入口，程序源代码如下，使用基本路径测试法设计测试用例。

```
void main ()
{    int sel;
     do{  printf ("\n");
          printf ("\t**************************          \n");
          printf ("\t*    ====================      *\n");
          printf ("\t*         学生成绩统计系统       *\n");
          printf ("\t*    ====================      *\n");
          printf ("\t*     输入学生成绩--------1     *\n");
          printf ("\t*     输出学生成绩--------2     *\n");
          printf ("\t*     统计平均成绩--------3     *\n");
          printf ("\t*     查找最高分----------4     *\n");
          printf ("\t*     退出系统------------5     *\n");
          printf ("\t**************************          \n");
```

```
printf ("\t 输入选项(1-5):");
scanf ("%d", &sel);
switch (sel)
{case 1:Input ();      break;
  case 2:Output ();    break;
  case 3:
      printf ("\t 平均分为：%4.2f\n", Average());break;
  case 4:
      printf ("\t 最高分为：%4.2f\n", GetMax());break;
  case 5:
      printf ("退出系统\n");break;
  default:
      printf ("输入错误!\07\n");break;
  }
}while (sel != 5);
}
```

（1）画出程序流程图并转换为控制流图

"学生成绩统计系统"入口程序流程图如图 3-32 所示，所转换的控制流程图如图 3-33 所示。

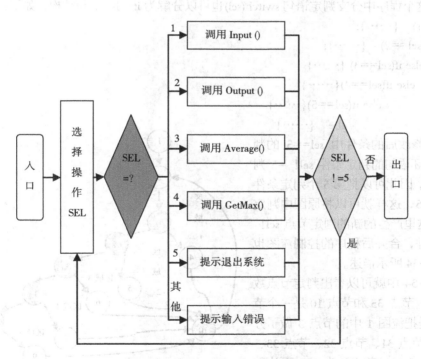

图 3-32 "学生成绩统计系统"入口程序流程图

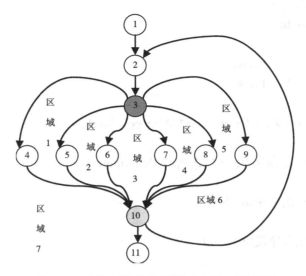

图3-33 "学生成绩统计系统"入口程序控制流图1

从图3-33中可以看到共有11个节点、16条边，形成了7个区域。如果从图中分析判定节点，似乎只有2个"判定节点"：节点3和节点10。那么根据这些信息，3种方法求得的环形复杂度不统一，原因在哪呢？在这个图中所谓的判定节点 3 其实是多分支判定语句的判定变量SEL，因此这个程序中分支判定语句switch(sel)也可以分解为if-else语句结构，如下：

```
if(sel==1)    {……};
else    if(sel==2)    {……};
        else if(sel==3) {……}
        else if(sel==4){……}
            else if(sel==5){……}
                else    {……}
```

并且在修改后的条件中 sel==5 的判定条件和循环语句的判定条件 sel!=5 判定条件相似，因此可以把第5个判定条件改为 sel!=5，这样就可以将原图中判定节点 10 和这里产生的新的判定节点 sel!=5 进行合并，合并后程序的控制流图也可以如图3-34所示描述。

从图3-34中就可以看出判定节点数为5（其中，节点35和节点10是一个节点），这里是把流图1中的节点3做了分解，分解成节点31、节点32、节点33、节点34、节点35。节点数为15，而边数为19，区域数为6。

（2）计算环形复杂度

① V(G)=6（区域数）。

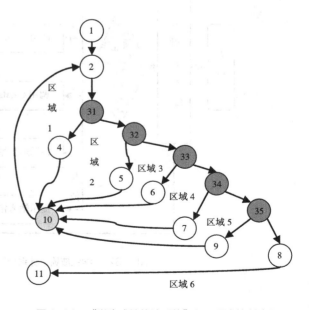

图3-34 "学生成绩统计系统"入口程序控制流图2

② $V(G)=E-N+2=19$（边数）-15（节点个数）$+2=6$。

③ $V(G)=P+1=5$(判定节点数)$+1=6$。

（3）导出独立路径

依据控制流图 2 得到 6 条独立路径，分别如下。

独立路径 1：

$1\to2\to31\to32\to33\to34\to35\to8\to11$

条件：sel==5

独立路径 2：

$1\to2\to31\to4\to10\to2\to31\to32\to33\to34\to35\to8\to11$

条件：sel==1,sel==5

独立路径 3：

$1\to2\to31\to32\to5\to10\to2\to31\to32\to33\to34\to35\to8\to11$

条件：sel==2,sel==5

独立路径 4：

$1\to2\to31\to32\to33\to6\to10\to2\to31\to32\to33\to34\to35\to8\to11$

条件：sel==3,sel==5

独立路径 5：sel==4,sel==5

$1\to2\to31\to32\to33\to34\to7\to10\to2\to31\to32\to33\to34\to35\to8\to11$

条件：sel==4,sel==5

独立路径 6：

$1\to2\to31\to32\to33\to34\to35\to9\to10\to2\to31\to32\to33\to34\to35\to8\to11$

条件：sel!=1 and sel!=2 and sel!=3 and sel!=4 and sel!=5,sel==5

（4）为上述每一条独立路径设计测试用例，如表 3-26 所示。

表 3-26　　　　　　　　每条独立路径的测试用例

编号	输入	期望输出	覆盖路径	测试结果
1	sel=5	输出"退出系统"，系统成功退出	独立路径 1	输出"退出系统"，系统成功退出
2	sel=1 sel=5	执行 Input（）； 输出"退出系统"，系统成功退出	独立路径 2	执行 Input（）； 输出"退出系统"，系统成功退出
3	sel=2 sel=5	执行 Output（）； 输出"退出系统"，系统成功退出	独立路径 3	执行 Output（）； 输出"退出系统"，系统成功退出
4	sel=3 sel=5	执行 Average()； 输出"退出系统"，系统成功退出	独立路径 4	执行 Average()； 输出"退出系统"，系统成功退出
5	sel=4 sel=5	执行 GetMax()； 输出"退出系统"，系统成功退出	独立路径 5	执行 GetMax()； 输出"退出系统"，系统成功退出
6	sel=6 sel=5	提示"输入错误"； 输出"退出系统"，系统成功退出	独立路径 6	提示"输入错误"； 输出"退出系统"，系统成功退出

4．模仿设计测试用例练习

使用基本路径测试法对下列函数进行测试，给出测试用例。在下列程序中完成对于参数给定的3个整数描述的日期（年、月、日），判定它是星期几？假定3个整数可以构成正确的日期。

```
void whatday (int year,int month,int day)
{    int days = 0;
     int i;
     for (i = 1; i < year; i++)
     {    if (isleap (i))
          {    days += 366;          }
          else
          {    days += 365;          }
     }
     for (i = 1; i < month; i++)
     {    days += daysofmonth (year, i); }
     days += day;
     switch (days % 7)
     {
case 1:          printf("星期一\n");          break;
case 2:          printf("星期二\n");          break;
case 3:          printf("星期三\n");          break;
case 4:          printf("星期四\n");          break;
case 5:          printf("星期五\n");          break;
case 6:          printf("星期六\n");          break;
case 0:          printf("星期七\n");          break;
     }
}
```

5．实际案例

使用基本路径法为网上购物系统中的"用户密码修改"模块设计测试用例。

（1）画出程序流程图

在"用户密码修改"源代码中第 1 个判定条件 pass1="" orpass2="" oroldpass=""是符合条件，在基本路径测试方法中需要对简单逻辑条件进行判定，因此需要将其进行分解。分解后的程序流程图如图 3-35 所示。

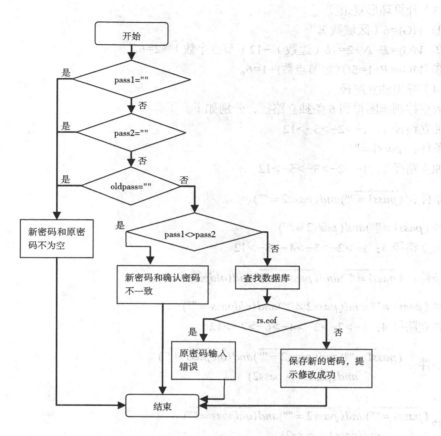

图 3-35　"用户密码修改"程序流程图

（2）画出控制流图

根据"用户密码修改"程序流程图画出控制流图，如图 3-36 所示。

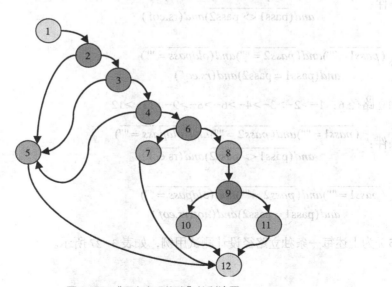

图 3-36　"用户密码修改"控制流图

（3）计算环形复杂度

① $V(G)=6$（区域数）。

② $V(G)=E-N+2=16$（边数）-12（节点个数）$+2=6$。

③ $V(G)=P+1=5$(判定节点数)$+1=6$。

（4）导出独立路径

依据控制流图得到 6 条独立路径，分别如下。

独立路径 1：1->2->5->12

条件：$pass1=""$

独立路径 2：1->2->3->5->12

条件：$(\overline{pass1=""})and(pass2="")$

$\Leftrightarrow(pass1\neq"")and(pass2="")$

独立路径 3：1->2->3->4->5->12

条件：$(\overline{pass1=""})and(\overline{pass2=""})and(oldpass="")$

$\Leftrightarrow(pass1\neq"")and(pass2\neq"")and(oldpass="")$

独立路径 4：1->2->3->4->6->7->12

条件：$(\overline{pass1=""})and(\overline{pass2=""})and(\overline{oldpass=""})$
$and(pass1<>pass2)$

$\Leftrightarrow(\overline{pass1=""})and(\overline{pass2=""})and(\overline{oldpass=""})$
$and(pass1\neq pass2)$

独立路径 5：1->2->3->4->6->8->9->10->12

条件：$(\overline{pass1=""})and(\overline{pass2=""})and(\overline{oldpass=""})$
$and(\overline{pass1<>pass2})and(rs.eof)$

$\Leftrightarrow(\overline{pass1=""})and(\overline{pass2=""})and(\overline{oldpass=""})$
$and(pass1=pass2)and(rs.eof)$

独立路径 6：1->2->3->4->6->8->9->11->12

条件：$(\overline{pass1=""})and(\overline{pass2=""})and(\overline{oldpass=""})$
$and(\overline{pass1<>pass2})and(\overline{rs.eof})$

$\Leftrightarrow(\overline{pass1=""})and(\overline{pass2=""})and(\overline{oldpass=""})$
$and(pass1=pass2)and(not(rs.eof))$

（5）为上述每一条独立路径设计测试用例，如表 3-27 所示。

表 3-27 　　　　　　　　　　　　每条路径的测试用例

用例编号	04		编制时间		2012-8-3
功能特性	测试网上商城系统的"用户密码修改"功能是否可以正常运行				
测试目的	验证数据的正确性				
前置条件	成功注册用户名 abc，密码 123456；使用 abc 用户名登录系统，系统运行正常且成功进入用户密码修改界面				
用例分支	操作描述	数据	预期结果	实际结果	P/F
01	选择用户密码修改,出现"用户密码修改"界面 输入老密码 新密码输入为空 新密码确认为空	123456 空 空	提示：新密码和原密码不为空		
02	选择用户密码修改,出现"用户密码修改"界面 输入老密码 输入新密码： 新密码确认为空	123456 234567 空	提示：新密码和原密码不为空		
03	选择用户密码修改,出现"用户密码修改"界面 老密码为空 输入新密码 输入新密码确认	空 234567 234567	提示：新密码和原密码不为空		
04	选择用户密码修改,出现"用户密码修改"界面 输入正确老密码 输入新密码 输入不同的新密码确认	123456 234567 765432	提示：新密码和确认密码不相同		
05	选择用户密码修改,出现"用户密码修改"界面 输入错误正确老密码 输入新密码 输入相同的新密码确认	111111 234567 234567	提示：原密码输入错误		
06	选择用户密码修改,出现"用户密码修改"界面 输入正确老密码 输入新密码 输入相同的新密码确认	123456 234567 234567	保存新密码并提示:密码修改成功		

6．拓展任务

使用本节中介绍的基本路径测试方法完成网上商城系统的"用户注册"功能中用户名填写交互信息提示子功能（功能模块界面和源代码见 3.2.1 小节中的工作任务描述）设计测试用例的设计。

3.2.4 图形矩阵法

1．工作任务描述

完成对如图 3-37 所示的用户注册模块的白盒测试用例设计。用户进行注册时需要进行正确用户名、密码、确认密码、电子邮箱、密码保护问题和找回密码答案的输入，其中前 4 项是必填项目，当输入正确后勾选同意注册协议，单击"提交"按钮就可注册。

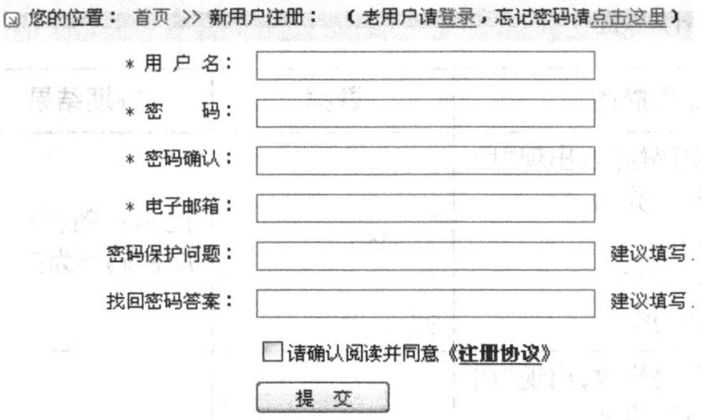

图 3-37　用户注册界面

实际上，当用户完成上述填写，单击"提交"按钮后系统将调用"用户注册"部分代码完成上述信息的检查。这一部分的主体源代码如下。

```
<%
if trim(request("user_name"))="" then
    errmsg=errmsg+"<br>"+"<li>用户名不能为空"
    founderr=true
else
    user_name=DelStr(request("user_name"))
end if
if trim(request("user_pass"))="" or trim(request("user_pass2"))="" then
    errmsg=errmsg+"<br>"+"<li>密码或确认不能为空"
    founderr=true
else
    user_pass=md5(DelStr(request("user_pass")))
    user_pass2=md5(DelStr(request("user_pass2")))
end if
if user_pass <> user_pass2 then
    errmsg=errmsg+"<br>"+"<li>两次密码不同"
    founder=true
end if
if isvalidemail(trim(request("user_mail")))=false then
    errmsg=errmsg+"<br>"+"<li>你的 E-mail 有错误"
    founderr=true
else
```

```
                user_mail=DelStr(request("user_mail"))
    end if
    question=DelStr(request("question"))
    answer=DelStr(request("answer"))
    set rs=server.createobject("adodb.recordset")
    sql="select username from Wrzcnet_user where username='"&user_name&"'"
    rs.open sql,conn,1,1
    if not rs.eof then
            errmsg=errmsg+"<br>"+"<li>用户名已被别人注册"
            founderr=true
    end if
    rs.close
    set rs=nothing
    errmes="您好"
%>
```

本节任务就是对上述源代码进行测试，编写测试用例集。在此，我们使用图形矩阵法来设计测试用例。

2．应知应会

图形矩阵法实际上是计算环形复杂度的一种方法，因此，本节所介绍的测试方法是基本路径测试方法的一种，在基本路径测试方法中用图形矩阵来求解程序的环形复杂度。那么首先要了解的就是什么是图形矩阵。

（1）图形矩阵

图形矩阵是程序控制流图的矩阵表示形式，它是一个方阵，方阵的维数就是控制流图中的节点数。矩阵中的每一行和每一列依次对应到一个被标识的节点，矩阵元素对应到节点间的弧。如果在控制流图中第 i 个节点到第 j 个节点有一个弧相连接，则在对应的图形矩阵中第 i 行和第 j 列的位置上有一个非空的元素 x。在本书中我们将这个 x 取值为 1。因此，在图形矩阵中有一个元素（i,j）为 1，那么它代表在程序的控制流图中有一个从节点 i 到节点 j 的弧。

如图 3-38 所描述的图形矩阵。

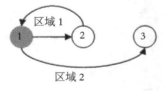

	1	2	3
1		1	1
2	1		
3			

图 3-38　图形矩阵示例

我们知道在基本路径测试法中独立路径的个数取决于判定节点数，因此，需要在图形矩阵中找到判定节点，那么怎么找呢？在矩阵中如果一行中有两个或两个以上的 1，则这行所代表的结点一定是一个判定节点，如图 3-38 所示的矩阵中，节点 1 所在的第 1 行中有两个元素 1，因此节点 1 是判定节点。依据上节所介绍的环形复杂度的第 3 种计算方法就可以确定该图的环形复杂度，那么这个图的环形复杂度为 2，有两个独立路径。

在图形矩阵中读取独立路径的方法：从第一行开始找到一个"1"元素，读取它所在的列号 m，然后在以 m 为行号，在第 m 行开始找到一个"1"元素，读取它所在的列号 n，依次往下，直到读到程序的出口节点，形成一条通路：1→m→n→……

（2）图形矩阵法测试步骤

① 画出程序的控制流图，在控制流图中标明节点和弧。

② 为程序的控制流图画出图形矩阵，在图形矩阵中获取判定节点数目，计算环形复杂度。

③ 根据环形复杂度得到独立路径个数，然后在图形矩阵中读取每一条独立路径。

④ 计算独立路径的条件，设计测试用例。

3．学习案例

"日期判定"问题：从键盘输入 3 个整数，由这 3 个整数作为年、月、日组成日期，但是并不是任意的 3 个整数都可以组成正确的日期，因此需要对输入的 3 个整数进行判定，由 C 语言编写的主体代码如下。

```
1:int isdate(int y, int m, int d)        //y、m、d 分别代表年、月、日
2:{    int dayarray[13] = {0,31,28,31,30,31,30,31,31,30,31,30,31};
3:     int days;                //每月的最大天数变量
4:     days = dayarray[m];
5:     if (m = = 2 )
6:     {    if(y % 4 = = 0)
7:          {    if(y % 100 ! = 0)
8:               {    days++;}
9:               else
10:              {    if(y % 400 = = 0)
11:                   {    days++;}
12:              }
13:         }
14:    }
15:    if (m >= 1)
16:    {    if(m <= 12)
17:         {    if(d >= 1)
18:              {    if(d <= days)
19:                   {    return 1;}
20:              }
21:         }
22:    }
23:    printf("请检查您设置的时间是否正确！\n");
24:    return 0;
25:}
```

使用图形矩阵法为"日期判定"问题设计测试用例。

（1）画出控制流图

"日期判定"问题的程序控制流图如图 3-39 所示。

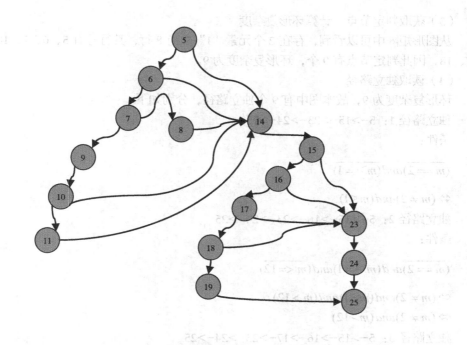

图 3-39 图形矩阵示例

（2）画出图形矩阵

"日期判定"问题的图形矩阵如下。

	5	6	7	8	9	10	11	14	15	16	17	18	19	23	24	25
5		1							1							
6			1					1								
7				1	1											
8								1								
9						1										
10							1	1								
11								1								
14									1							
15										1				1		
16											1			1		
17												1		1		
18													1	1		
19																1
23															1	
24																1

（3）获取判定节点，计算环形复杂度

从图形矩阵中可以看到，存在 2 个元素"1"共有 8 行，其行号有 5、6、7、10、15、16、17、18，因此判定节点有 9 个，环形复杂度为 9。

（4）读取独立路径

环形复杂度为 9，故本图中有 9 个独立路径，分别如下。

独立路径 1：5->15->23->24->25

条件：

$$\overline{(m == 2)} and \overline{(m >= 1)}$$

$$\Leftrightarrow (m \neq 2) and (m < 1)$$

独立路径 2：5->15->16->23->24->25

条件：

$$\overline{(m == 2)} and (m >= 1) and \overline{(m <= 12)}$$

$$\Leftrightarrow (m \neq 2) and (m \geq 1) and (m > 12)$$

$$\Leftrightarrow (m \neq 2) and (m > 12)$$

独立路径 3：5->15->16->17->23->24->25

条件：

$$\overline{(m == 2)} and (m >= 1) and (m <= 12) and \overline{(d >= 1)}$$

$$\Leftrightarrow (m \neq 2) and (m \geq 1) and (m \leq 12) and (d < 1)$$

独立路径 4：5->15->16->17->18->23->24->25

条件：

$$\overline{(m == 2)} and (m >= 1) and (m <= 12) and (d >= 1) and \overline{(d <= days)}$$

$$\Leftrightarrow (m \neq 2) and (m \geq 1) and (m \leq 12) and (d \geq 1) and (d > days)$$

$$\Leftrightarrow (m \neq 2) and (m \geq 1) and (m \leq 12) and (d > days)$$

独立路径 5：5->15->16->17->18->19->25

条件：

$$\overline{(m == 2)} and (m >= 1) and (m <= 12) and (d >= 1) and (d <= days)$$

$$\Leftrightarrow (m \neq 2) and (m \geq 1) and (m \leq 12) and (d \geq 1) and (d \leq days)$$

独立路径 6：5->6->14->15->16->17->18->23->24->25

条件：

$$(m == 2) and \overline{(y\%4 == 0)}$$
$$and (m >= 1) and (m <= 12) and (d >= 1) and (d <= days)$$

$$\Leftrightarrow (m == 2) and (y\%4 \neq 0) and (d \geq 1) and (d \leq days)$$

独立路径 7：5->6->7->9->10->14->15->16->17->18->23->24->25

条件：

$$(m == 2)and(y\%4 == 0)and(\overline{y\%100! = 0})and(\overline{y\%400 == 0})$$
$$and(m >= 1)and(m < 12)and(d >= 1)and(d <= days)$$

$$\Leftrightarrow \quad (m = 2)and(y\%4 = 0)and(y\%100 = 0)and(y\%400 \neq 0)$$
$$and(d \geqslant 1)and(d \leqslant days)$$

独立路径 8：5->6->7->9->10->11->14->15->16->17->18->19->25
条件：

$$(m == 2)and(y\%4 == 0)and(\overline{y\%100! = 0})and(y\%400 == 0)$$
$$and(m > 1)and(m <= 12)and(d >= 1)and(d <= days)$$

$$\Leftrightarrow \quad (m = 2)and(y\%4 = 0)and(y\%100 = 0)and(y\%400 = 0)$$
$$and(d \geqslant 1)and(d \leqslant days)$$

独立路径 9：5->6->7->8->14->15->16->17->18->19->25
条件：

$$(m == 2)and(y\%4 == 0)and(y\%100! = 0)$$
$$and(m > 1)and(m <= 12)and(d >= 1)and(d <= days)$$

$$\Leftrightarrow \quad (m = 2)and(y\%4 = 0)and(y\%100 \neq 0)$$
$$and(d \geqslant 1)and(d \leqslant days)$$

（5）为每一条独立路径设计测试用例，如表 3-28 所示。

表 3-28 　　　　　　　　　　　　　每条独立路径的测试用例

编号	输入	期望输出	覆盖路径	测试结果
1	y=2012 m=0 d=1	提示日期错误，返回 0	独立路径 1	提示日期错误，返回 0
2	y=2012 m=13 d=1	提示日期错误，返回 0	独立路径 2	提示日期错误，返回 0
3	y=2012 m=1 d=0	提示日期错误，返回 0	独立路径 3	提示日期错误，返回 0
4	y=2012 m=1 d=32	提示日期错误，返回 0	独立路径 4	提示日期错误，返回 0
5	y=2012 m=1 d=31	返回 1	独立路径 5	返回 1
6	y=1990 m=2 d=29	提示日期错误，返回 0	独立路径 6	提示日期错误，返回 0

编号	输入	期望输出	覆盖路径	测试结果
7	y=1900 m=2 d=29	提示日期错误，返回 0	独立路径 7	提示日期错误，返回 0
8	y=2000 m=2 d=29	返回 1	独立路径 8	返回 1
9	y=1992 m=2 d=29	返回 1	独立路径 9	返回 1

4．模仿设计测试用例练习

"寻找最大值"问题，在长度为 num 的数组 Math 中查找最大值并将最大值返回，代码实现如下。

```
double GetMax (double *Math, int num)
{
    int i;
    double Max;
    Max = Math[0];
    for (i = 1; i < Num; i++)
    {
        if (Math[i] > Max)
        {
            Max = Math[i];
        }
    }
    return Max;
}
```

请用本节介绍的图形矩阵法设计测试用例对上述程序进行测试。

5．实际案例

使用图形矩阵法为网上商城系统的"用户注册"功能设计测试用例。

（1）画出程序流程图

"用户注册"模块程序流程图如图 3-40 所示。

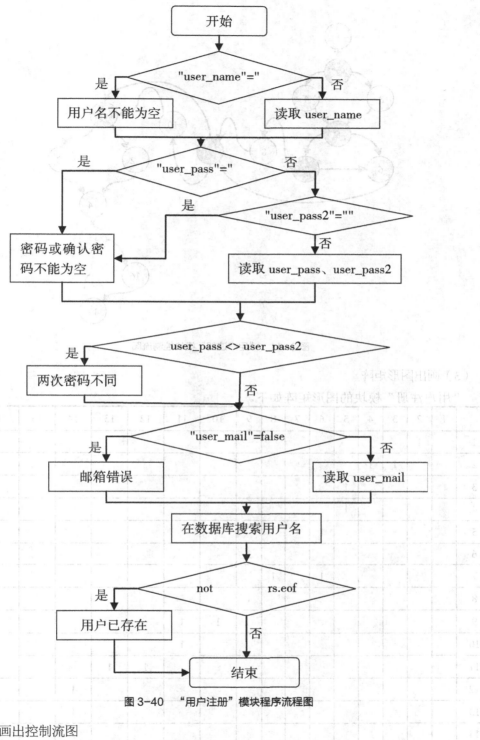

图 3-40 "用户注册"模块程序流程图

（2）画出控制流图

"用户注册"模块控制流图如图 3-41 所示。

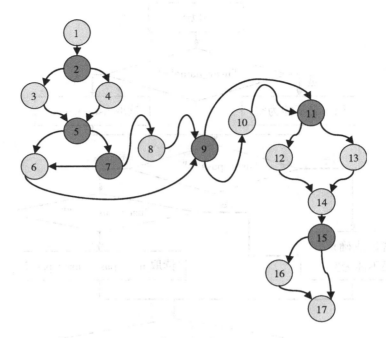

图 3-41 "用户注册"模块控制流图

（3）画出图形矩阵

"用户注册"模块的图形矩阵如下。

	1	2	3	4	5	6	7	8	9	10	11	12	13	14	15	16	17
1		1															
2			1	1													
3					1												
4					1												
5						1	1										
6									1								
7						1		1									
8									1								
9										1	1						
10											1						
11												1	1				
12														1			
13														1			
14															1		
15																1	1
16																	1

（4）获取判定节点，计算环形复杂度

从图形矩阵中可以看到，存在 2 个元素"1"共有 6 行，其行号有 2、5、7、9、11、15，因此判定节点有 6 个，环形复杂度为 7。

（5）读取独立路径

环形复杂度为 6，故本图中有 7 个独立路径，分别如下。

独立路径 12：1->2->3->5->6->9->10->11->12->14->15->17

条件：
$$(user\_name = "")and(user\_pass = "")$$
$$and(user\_pass \Leftrightarrow user\_pass2)$$
$$and("user\_mail" = false)and(not\ rs.eof)$$

$\Leftrightarrow$
$$(user\_name = "")and(user\_pass = "")$$
$$and(user\_pass \Leftrightarrow user\_pass2)$$
$$and("user\_mail" = false)and(rs.eof)$$

独立路径 2：1->2->3->5->6->9->10->11->13->14->15->17

条件：
$$(user\_name = "")and(user\_pass = "")$$
$$and(user\_pass \Leftrightarrow user\_pass2)$$
$$\overline{and("user\_mail" = false)}and(not\ rs.eof)$$

$\Leftrightarrow$
$$(user\_name = "")and(user\_pass = "")$$
$$and(user\_pass \Leftrightarrow user\_pass2)$$
$$and("user\_mail" \neq false)and(rs.eof)$$

独立路径 3：1->2->3->5->6->9->11->13->14->15->17

条件：
$$(user\_name = "")and(user\_pass = "")$$
$$\overline{and(user\_pass \Leftrightarrow user\_pass2)}$$
$$\overline{and("user\_mail" = false)}\ \overline{and(not\ rs.eof)}$$

$\Leftrightarrow$
$$(user\_name = "")and(user\_pass = "")$$
$$and(user\_pass = user\_pass2)$$
$$and("user\_mail" \neq false)and(rs.eof)$$

独立路径 4：1->2->3->5->7->6->9->10->11->13->14->15->17

条件：
$$(user\_name = "")and(\overline{user\_pass = ""})$$
$$and(user\_pass2 = "")and(user\_pass \Leftrightarrow user\_pass2)$$
$$\overline{and("user\_mail" = false)}and(not\ rs.eof)$$

$\Leftrightarrow$
$$(user\_name = "")and(user\_pass \neq "")$$
$$and(user\_pass2 = "")and(user\_pass \neq user\_pass2)$$
$$and("user\_mail" \neq false)and(rs.eof)$$

独立路径 5：1->2->3->5->7->8->9->11->13->14->15->17

条件：
$$(user\_name = "")and(\overline{user\_pass = ""})$$
$$and(\overline{user\_pass2 = ""})and(\overline{user\_pass \Leftrightarrow user\_pass2})$$
$$\overline{and("user\_mail" = false)}and(not\ rs.eof)$$

$$\Leftrightarrow \quad \overline{(user\_name = "")} and \overline{(user\_pass \neq "")}$$
$$and \overline{(user\_pass2 \neq "")} and (user\_pass = user\_pass2)$$
$$and ("user\_mail" \neq false) and (rs.eof)$$

独立路径 6：1–>2–>4–>5–>7–>8–>9–>11–>13–>14–>15–>17

$$\overline{(user\_name = "")} and \overline{(user\_pass = "")}$$
条件：$$and \overline{(user\_pass2 = "")} and \overline{(user\_pass <> user\_pass2)}$$
$$and \overline{("user\_mail" = false)} and (not\ rs.eof)$$

$$\Leftrightarrow \quad (user\_name \neq "") and (user\_pass \neq "")$$
$$and (user\_pass2 \neq "") and (user\_pass = user\_pass2)$$
$$and ("user\_mail" \neq false) and (rs.eof)$$

独立路径 7：1–>2–>4–>5–>7–>8–>9–>11–>13–>14–>15–>16–>17

$$\overline{(user\_name = "")} and \overline{(user\_pass = "")}$$
条件：$$and \overline{(user\_pass2 = "")} and \overline{(user\_pass <> user\_pass2)}$$
$$and \overline{("user\_mail" = false)} and (not\ rs.eof)$$

$$\Leftrightarrow \quad (user\_name \neq "") and (user\_pass \neq "")$$
$$and (user\_pass2 \neq "") and (user\_pass = user\_pass2)$$
$$and ("user\_mail" \neq false) and (not\ rs.eof)$$

（6）为每一条独立路径设计测试用例，如表 3–29 所示。

表 3–29　　　　　　　　　　　　　每条独立路径的测试用例

用例编号	054		编制时间		2012–8–3
功能特性	测试网上商城系统的"用户注册"功能是否可以正常运行				
测试目的	验证数据的正确性				
前置条件	系统运行正常且成功进入用户界面，输入的用户名、密码满足长度要求，并已经勾选同意注册协议				
ss 用例分支	操作描述	数据	预期结果	实际结果	P/F
01	单击"注册"按钮，弹出"用户注册"窗口 输入用户名 输入密码 输入确认密码 输入邮箱地址	空 空 123456 abc	提示:用户名不能为空;密码和确认密码不能为空;两次密码不同;邮箱地址错误		
02	单击"注册"按钮，弹出"用户注册"窗口 输入用户名 输入密码 输入确认密码 输入邮箱地址	空 空 123456 abc@126.com	提示:用户名不能为空;密码和确认密码不能为空;两次密码不同		

用例分支	操作描述	数据	预期结果	实际结果	P/F
03	单击"注册"按钮，弹出"用户注册"窗口 输入用户名 输入密码 输入确认密码 输入邮箱地址	空 空 空 abc@126.com	提示：用户名不能为空；密码和确认密码不能为空		
04	单击"注册"按钮，弹出"用户注册"窗口 输入用户名 输入密码 输入确认密码 输入邮箱地址	空 123456 空 abc@126.com	提示：用户名不能为空；密码和确认密码不能为空；两次密码不相同		
05	单击"注册"按钮，弹出"用户注册"窗口 输入用户名 输入密码 输入确认密码 输入邮箱地址	空 123456 123456 abc@126.com	提示：用户名不能为空		
06	单击"注册"按钮，弹出"用户注册"窗口 输入用户名 输入密码 输入确认密码 输入邮箱地址	abc 123456 123456 abc@126.com	无		
07	单击"注册"按钮，弹出"用户注册"窗口 输入用户名 输入密码 输入确认密码 输入邮箱地址	abc 123456 123456 abc@126.com	提示：用户名已存在		

6. 拓展任务

在网上商城系统中当用户登录时如果忘记密码可以通过选择登录窗口上方的 ss "忘记秘密请单击这里"来找回密码，如图 3-42 所示。然后进入找回密码界面，如图 3-43 所示。

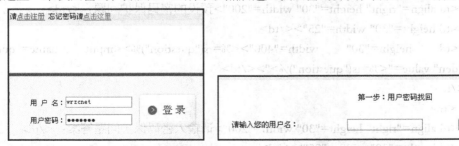

图 3-42 "用户登录"界面模块控制流图　　　　图 3-43 "找回密码"界面

　　用户通过输入用户名，单击"下一步"按钮并通过用户名验证后可以进入密码提示问题的回答，如果回答正确可以重新设定密码，如果不正确无法找回密码。代码实现如下。

```
<%
if user_name="" then
response.write  "<tr><td  colspan=3  align=center  height=100> 请 输 入 用 户 名 ， <a
href="""repass.asp""><font color=#ff0000>返回</font></a> ！</td></tr>"
else
set rs=server.createobject("adodb.recordset")
sql="select * from Wrzcnet_user where username='"&user_name&"'"
rs.open sql,conn,1,1
if rs.eof then
response.write  "<tr><td  colspan=3  align=center  height=100> 没 有 这 个 用 户 名 ， <a
href="""repass.asp""><font color=#ff0000>返回</font></a> ！</td></tr>"
else
if rs("question")="" or rs("answer")="" then
response.write "<tr><td colspan=3 align=center height=100>您没有填写密码保护资料，无法
找回密码，请联系管理员，<a  href="""repass.asp""><font  color=#ff0000>返回</font></a> ！
</td></tr>"
else
%>

<tr>
    <td colspan="3" align="center" height="30">第二步：请输入密码保护问题答案</td>
  </tr>
     <form method="POST" name="form" action="repass.asp?action=repass2"><tr>
    <td align="right" height="30" width="200">用户名：</td>
    <td height="30" width="25"></td>
    <td     height="30"     width="400"><%=rs("username")%><input     name="user_name"
type="hidden" value="<%=rs("username")%>"></td>
    </tr>
     <tr>
    <td align="right" height="30" width="200">预设的密码保护问题：</td>
    <td height="30" width="25"></td>
    <td     height="30"     width="400"><%=rs("question")%><input     name="question"
type="hidden" value="<%=rs("question")%>"></td>
    </tr>
     <tr>
    <td align="right" height="30" width="200">请输入密码保护问题答案：</td>
    <td height="30" width="25"></td>
    <td     height="30"     width="400"><input    name="answer"    type="text"    class=input
size="20"></td>
```

```
        </tr>
        <tr><td align="center" colspan="3" height="30"><input type=submit value=下一步
name="submit1"></td></tr>
        </form>
<%end if
end if
rs.close
set rs=nothing
end if
%>
</table>


<%elseif request("action")="repass2" then%>

<table border="0" cellpadding="0" cellspacing="0" width="99%">
<%set rs=server.createobject("adodb.recordset")
sql="select    *    from    Wrzcnet_user    where    username='"&user_name&"'    and
question='"&question&"' and answer='"&answer&"'"
    rs.open sql,conn,1,1
    if rs.eof then
    response.write "<tr><td colspan=3 align=center height=100>密码找回答案错误,请确认，<a
href=""repass.asp""><font color=#ff0000>返回</font></a>！</td></tr>"
    else%>
    <form method="POST" name="form2" action="repass.asp?action=repass3"><tr>
        <td colspan="3" align="center" height="30">第三步：请重新设定密码</td></tr>
        <tr><td width="200" align="right" height="30">用户名：</td>
        <td width="25" height="30"></td>
        <td    width="400"    height="30"><%=rs("username")%><input    name="user_name"
type="hidden" value="<%=rs("username")%>"></td></tr>
        <tr><td width="200" align="right" height="30"> 新 密 码 ： </td><td width="25"
height="30"></td><td width="400" height="30">
        <input name="pass1" type="password" class=input size="20"></td></tr>
        <tr><td width="200" align="right" height="30">确认新密码：</td>
        <td width="25" height="30"></td>
        <td width="400" height="30">
    <input name="pass2" type="password" class=input size="20"></td></tr>
        <tr><td align="center" colspan="3" height="30"><input type=submit value=下一步
name="submit1"></td></tr>
        </form>
<%end if
rs.close
```

```asp
set rs=nothing
%></table>
<%elseif request("action")="repass3" then%>

<table border="0" cellpadding="0" cellspacing="0" width="99%">
<%set rs=server.createobject("adodb.recordset")
sql="select * from Wrzcnet_user where username='"&user_name&"'"
rs.open sql,conn,1,3
if rs.eof then
response.write  "<tr><td  colspan=3  align=center  height=100> 没 有 这 个 用 户 ， <a
href="""repass.asp""><font color=#ff0000>返回</font></a>！</td></tr>"
    else
if pass1<>pass2 then
response.write "<tr><td colspan=3 align=center height=100>两次密码必须相同,请确认，<a
href="""repass.asp""><font color=#ff0000>返回</font></a>！</td></tr>"
    else
rs("userpass")=pass1
rs.update
response.write  "<tr><td  colspan=3  align=center  height=100> 密 码 修 改 成 功 ， 请 <a
href=index.asp><font color=red>返回首页</font></a>重新登录</td></tr>"
    end if
    end if
rs.close
set rs=nothing%>
</table>
<%else%>

<table border="0" cellpadding="0" cellspacing="0" width="99%">
    <form method="POST" name="form1" action="repass.asp?action=repass1">
      <tr><td height="60" colspan="3" align="center" width="100%">第一步：用户密码找回
</td></tr>
        <tr><td align="right" height="30" width="230">请输入您的用户名：</td>
        <td align="center" height="30" width="165"><input name="user_name" type="text"
class=input size="16"></td>
        <td     height="30"     width="230"><input     type=submit     value= 下 一 步
name="submit"></td></tr>
        <tr><td align="center" height="60" colspan="3" width="100%">注意：没有填写密码保
护资料的客户无法通过此方法找回密码，请直接与<a href="mailto:<%=mail%>">管理员</a>联
系！</td></tr>
    </form></table>
<%end if%>
```

请使用本节介绍的图形矩阵法为用户找回密码模块源代码设计测试用例，完成白盒测试。

也可以使用本章节中介绍的所有白盒测试方法为找回密码模块源代码设计测试用例，然后比较每种方法测试用例集的异同。

本章小结

本章主要介绍了软件测试用例的设计，包括黑盒测试用例的设计和白盒测试用例的设计。黑盒测试用例的设计主要包括等价类划分法、边界值分析法、错误猜测法、因果图法、场景分析法等。白盒测试用例的设计主要包括逻辑覆盖法、路径测试法、基本路径法、图形矩阵法等。在每一种方法的介绍中都举出了大量的具体案例，以便于读者更好地理解。在具体的测试工作中，要综合运用多种测试方法，不能只是单一使用某种方法。

思考与练习

一、选择题

1. 测试设计员的职责有：_____。

①制定测试计划　　②设计测试用例　　③设计测试过程、脚本　　④评估测试活动

A.①④　　　　B. ②③　　　　C. ①③　　　　D. 以上全是

2. _____方法根据输出对输入的依赖关系设计测试用例。

A. 路径测试　　　　B. 等价类　　　　C. 因果图　　　　D. 边界值

3. 对于业务流清晰的系统可以利用_____贯穿整个测试用例设计过程广在用例中综合使用各种测试方法，对于参数配置类的软件，要用_____选择较少的组合方式达到最佳效果，如果程序的功能说明中含有输入条件的组合情况，则一开始就可以选用_____和判定表驱动法。

A. 等价类划分　　　　B. 因果图法　　　　C. 正交试验法　　　　D. 场景法

二、填空题

1. 软件测试按照不同的划分方法，有不同的分类：

（1）按照软件测试用例的设计方法而论，软件测试可以分为_____和_____。

（2）从是否执行程序的角度，软件测试可以分为_____和_____。

（3）按照软件测试的策略和过程来分类，软件测试可分为_____、_____、_____、_____和_____。

2. 一个文本框要求输入 6 位数字密码，且对每个帐户每次只允许出现三次输入错误，对此文本框进行测试设计的等价区间有：_____；_____；_____。

三、简答题

1. 白盒测试有几种方法。

2. 请设计一个关于 ATM 自动取款机的测试用例。

答案

一、选择题

1. B　　2. B　　3. DCB

二、填空题

1. （1）按照软件测试用例的设计方法而论，软件测试可以分为白盒测试法和黑盒测试法。

　　（2）从是否执行程序的角度，软件测试可以分为静态测试和动态测试。

　　（3）按照软件测试的策略和过程来分类，软件测试可分为单元测试、集成测试、系统测试、验证测试和确认测试。

2. 一个文本框要求输入 6 位数字密码，且对每个帐户每次只允许出现三次输入错误，对此文本框进行测试设计的等价区间有：密码位数：6 位 和 非 6 位的；密码内容：数字的 和 非数字的；输入次数：三次以内 和 超过三次。

三、简答题

1. 总体上分为静态方法和动态方法两大类。

静态：关键功能是检查软件的表示和描述是否一致，没有冲突或歧义。

动态：语句覆盖、判定覆盖、条件覆盖、判定条件覆盖、条件组合覆盖、路径覆盖。

2. ATM 自动取款机的测试用例

功能如下。

a）ATM 所识别卡的类型。

b）密码验证(身份登陆、是否为掩码、输入错误密码时是否提示，连续三次错误吞卡等)。

c）取款功能：

i. 金额多少的限制，单次最大最小提取金额、每天最大提取金额灯）；

ii. 取款币种的不同，如人民币、美元、欧元等。

d）是否提示客户操作完成后,打印相关操作信息。

e）查询功能是否正常。

f）转账功能是否正常。

g）是否提示客户操作完成后,取回客户卡。

性能：

a）是否有自动吞卡（非法客户\密码错误客户\规定时间内未完成相关操作功能的客户）；如果有，有无报警功能（保密报警）；

b）平均无故障时间，平均故障修复时间，输入密码后验证时间，出钞票时间，查询余额等待时间。

易用性：

a）ATM 各个操作功能(硬件)是否正常、易懂；

b）ATM 的界面显示是否友好；

c）ATM 是否支持英文操作；

d）ATM 是否在异常（断电、黑客入侵）有自动保护（报警）功能。

PART 4

第 4 章
测试执行

教学提示： 测试执行是软件测试过程中的重要环节，前期所有的测试分析、测试计划、测试用例设计等环节都将在本环节中得到最终的检验。其目的是由测试员发现并记录测试执行环节发现的软件缺陷，并向上级报告。测试执行是每个测试工程师的基本职业技能。本章将通过实例对测试执行及缺陷跟踪的原理和方法等进行阐述和分析。

教学目标： 通过本章的学习，读者将掌握软件测试执行的原理和方法，能分离再现、报告并跟踪软件缺陷，通过实际案例的实践学习进一步完成软件测试的全过程。

4.1 测试执行概述

4.1.1 软件缺陷的定义

关于软件缺陷最知名的例子莫过于"千年虫"问题了。在 20 世纪 70 年代，由于计算机的内存空间非常小，当年的程序员在设计程序时千方百计地减少对内存的占用，其中一个措施就是把 4 位年份值缩减为两位，例如，把 1975 缩减为 75。这在当时一点问题没有，而且意义很大，节省了相当可观的存储空间。虽然有人想到 2000 年时日期计算会出现问题，但大家认为 2000 年太遥远了，到时程序早已不用或已升级。

但这一天毕竟是要到来的。据不完全统计，从 1998 年开始，全球开始进行"千年虫"问题大检查，并修改更正，花费高达数百亿美元。

下面就对软件缺陷进行介绍。

1．软件缺陷的定义

"缺陷"是指存在不够完备的地方，即测试人员在测试过程中指出的不满足需求或质量要求的情况，也称之为 Bug。按照这种一般定义，只要软件出现的问题符合下列的 5 种情况之一，就叫做"软件缺陷"。

① 软件未达到产品说明书中标明的功能。

② 软件出现了产品说明书中指明的不会出现的错误。

③ 软件功能超出了产品说明书指明的范围。

④ 软件未达到产品说明书虽未指出但应达到的目标。

⑤ 软件测试人员认为软件难以理解、不易使用、运行速度慢，或最终用户认为不易使用的。

总之，软件缺陷是存在于软件（包括程序、数据、文档等）之中的、不希望或不可接受的偏差。如果在某些特定情况下该缺陷导致软件运行时出现故障，则称为该缺陷被激活。

2．软件缺陷的来源及分布

实践表明，大多数的软件缺陷是由产品需求说明书和产品方案的设计编写不规范造成的，而不是直观认为的那样——源自编程错误。

产品需求说明书编写不全面、不完整和不准确，成为导致软件缺陷的罪魁祸首；说明书经常更改、开发组之间、开发组和用户之间的沟通不足，都会导致缺陷大量产生。

另一大来源就是设计方案。软件设计方案是程序员开展软件计划和构架的步骤，就像盖房子之前需要绘制设计图一样，同样可能因为片面、多变和理解上的偏差导致软件缺陷产生。

图 4-1 很准确地描述了软件缺陷来源的分布情况。

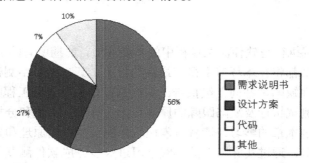

图 4-1 软件缺陷来源分布图

通过图 4-1 的数据，我们可以把测试的主要精力更好地集中在最有可能出现缺陷的地方。没有被发现的缺陷会在系统中迁移和扩散，最终可能导致系统失败，发现得越晚，意味着代价成本越发昂贵，甚至无法承受。这意味着测试是贯穿开发全过程的工作，就现如今而言，40%~70%的软件开发时间和资源都花在发现软件缺陷并纠正这些缺陷上。

3．软件缺陷的属性

软件缺陷使得软件存在失败的风险，在报告软件缺陷时，一般需要指明如何处理它，测试人员以简明扼要的语言或短语指明其属性、彰显其影响、确定修改的优先顺序和急迫程度。

软件缺陷的属性含多个方面，包括缺陷状态、严重程度、优先级别、再现程度、质量特性、引入阶段、缺陷类型等。

① 缺陷状态是指软件缺陷在跟踪和管理过程中的状态标识，也就是在软件生命周期中的状态基本定义，包括但不仅仅包括激活或已打开、已修复、关闭、延期和保留等状态，如表 4-1 所示。

表 4-1　　　　　　　　　　　　软件缺陷状态列表

缺陷状态	描述
激活或已打开	问题尚未解决，等待处理，如新报缺陷
已修复	已被开发人员检查修复，认为已解决但尚未验证
关闭	测试人员验证后，确认缺陷已不存在
延期	不在当前版本中修复，而在下一版本中修复
保留	由于技术原因或第三方软件缺陷，无法修复

② 严重程度以软件缺陷可能对用户造成的影响程度作为最终的判断依据，包括致命（系统崩溃、非法退出、主要功能丧失、数据丢失、数据毁坏等）、严重（操作性错误、结果错误、

软件过于缓慢、遗漏功能等）、一般（小问题、错别字、UI 布局、罕见故障等）、微小（不影响使用的瑕疵、不能处理极端条件下的操作等）4 种。一般严重程度用数字 1~4 表示。数字越大，问题越严重。

③ 优先级别是指开发人员修改缺陷的优先级，由项目经理在审核缺陷时分配，包括立即修复（停止进一步测试，立即进行修复）、必须修复（在产品发布之前必须修复）、建议修复（如果时间许可应该修复）、低优先级（可能会修复，但也有可能不加理会）4 种。一般优先级别也用 1~4 表示。数字越大，问题越严重。

④ 再现程度是指缺陷在特定环境和操作中重复出现的频率，一般可用每次出现、经常出现、偶尔出现、出现一次来反映这种频次，在后续的小节中我们将讨论这个问题。

⑤ 质量特性是指缺陷反映出该软件的质量的特性，一般用功能性、可靠性、易用性、效率、可维护性、可移植性 6 大特性来反映。

⑥ 缺陷起源反映缺陷最初引入的阶段或过程，包括需求、系统设计、概要设计、详细设计、UI 设计、编码、用户文档，反映缺陷引起的故障第一次被检测到的地方。

⑦ 缺陷类型是指根据缺陷的自然属性来划分缺陷种类，反映软件缺陷是功能上的还是 UI 方面的，亦或是性能方面的问题。

软件缺陷的描述还可以包括缺陷标识—— 一个可追踪的数字序号、缺陷原因等内容。通过以上这些属性要素来描述软件缺陷，形成手工记录的缺陷报告文档，以供开发人员参考，优先修复高严重性、高优先级的缺陷，降低这些缺陷可能带来的失效和重大经济损失。

4．软件缺陷的图片信息

软件缺陷的属性信息反映了软件缺陷的基本情况，为了更加有效及时地处理发现的软件缺陷，仅有这些基本情况还是不够的，有的时候还需要加上图片信息加以补充。

在一些情况下，如设计用户界面 UI 类型的软件缺陷时，纯文字的描述往往很难清楚表达缺陷的问题所在，这时，测试人员附上几张截图就能很直观地表达出缺陷的位置、缺陷的表现等问题，当然，测试人员也可以在截图上用颜色或图形加以突出缺陷位置，以助于开发人员的观察。

具体哪些情况需要图片的补充呢？我们来举例说明。

例如，软件界面中有一段文字没有显示，当涉及国外文字时可能某一段显示了乱码，软件当中的语法错误，Logo 使用错误、图片没有显示等情况，都可以截取图片加以说明。

4.1.2　分离和再现软件缺陷

测试人员要想有效地报告软件缺陷，就要对发现的软件缺陷以通用、明显和再现的方式加以描述，而要完成这种描述，分离和再现软件缺陷是必不可少的。

分离和再现软件缺陷是比较能体现测试人员专业功力的地方，测试人员要做的就是尽量缩小缺陷的范围。具体而言，要想有效地分离和再现软件缺陷，需要准确清晰地描述产生软件缺陷的具体条件和步骤。需要特别指出的是，如果能建立起完全相同的输入条件，软件缺陷就会再现（不存在随机的软件缺陷）虽然有时候这种再现所需的步骤、条件、技术要求都非常高，非常浪费资源。

1．分离和再现软件缺陷的有效方法

实践证明，以下的这些方法对软件测试人员实现分离和再现软件缺陷是非常有帮助的。

① 测试人员在思想上不要想当然地接受任何的提前假设。

② 确保记录了测试过程中的所有步骤。记录每一个步骤、每个停顿、每个事件，在再现过程中，任何一个步骤上的缺失或增加都有可能导致缺陷再现失败。在测试执行过程中，可以尝试使用屏幕录像工具，确切记录测试过程，确保软件缺陷再现时所需的任何细节是可见的。

③ 考虑缺陷的出现是否需要特定的时间和条件。考察缺陷是否只在特定的时刻出现，是否是在网络繁忙的时候出现，是否是在设备条件不够时出现，是否是在特定条件下产生的。更全面地考虑有助于全面了解软件缺陷产生的缘由。

④ 注意软件的边界条件、内存容量和数据溢出的问题。事件发生的次序也有可能导致软件缺陷，当执行某个用例时可能导致产生缺陷的数据被覆盖，而只有当再次使用该数据时才会出现，在重启软件或重启系统后缺陷消失，这种缺陷可能就是在无意中产生的。

⑤ 考虑资源依赖性和内存、网络、硬件共享的相互作用。待测试软件和其他软件是共享一套硬件资源和网络资源的，这些硬件和网络资源的相互作用也有可能被证实与软件缺陷的出现有关，审视这些影响也有助于软件缺陷的分离和再现。

⑥ 了解硬件的影响。硬件环境的兼容性对软件缺陷的影响也不容忽视，在这个问题上，1994 年迪斯尼公司的狮子王游戏软件的 Bug 就是一个惨痛的教训。另外，硬件不按预定方式工作，如内存条损耗、CPU 过热等因素都有可能导致软件缺陷的产生。

⑦ 一个软件缺陷问题可能需要小组的共同努力。由于开发人员更加熟悉代码，当看到软件缺陷症状、测试步骤和分离问题的过程时，开发人员有可能根据简单的缺陷信息就能找到软件缺陷的线索和来源。因此，有时小组的合作也是很有必要的。

如果尽最大努力，在资源、技术等条件已经无法表达再现步骤，仍然需要如实记录该软件缺陷，因为这个问题没有被解决。

2．测试人员和开发人员的权责问题

在这里主要通过讨论分离软件缺陷和调试软件缺陷来分清测试人员和开发人员的职责，清晰组员之间的权责界限，避免不必要的工作交叉和问题推诿。当开发人员打开一个软件缺陷时，通常需要明确修复该缺陷所需的一些问题具体如下。

① 最少需要哪些步骤才能再现该缺陷。

② 该缺陷是否是真实存在的。具体而言，就是该软件缺陷的产生是由外在的测试因素，如测试人员的失误造成的，还是确实由真正的系统故障造成的。

③ 哪些外部因素导致软件缺陷出现。

④ 哪些内部因素，包括代码、网络等导致软件缺陷出现。

⑤ 如何修复该软件缺陷并确保不产生新的软件缺陷。

⑥ 该修复是否经过调试和单元测试。

⑦ 该修复是否通过了确认和回归测试，并且不影响系统其他正常功能。

以上这些过程反映的是一个简单的测试人员和开发人员之间的责任流程，第①步说明了该缺陷出现的必然性，并确保步骤精简，第②、第③步分离了该缺陷，这 3 步属于测试人员的测试阶段；第④、第⑤、第⑥步则进入了开发人员调试该软件缺陷的阶段，最后在第⑦步又回到测试人员的确认和回归测试阶段。这个流程虽然很明显，但各步骤之间的边界容易模糊，尤其是第③步和第④步之间，容易产生一些资源重叠和精力浪费。

要想避免这种不确定性，就需要测试人员准确分离和再现软件缺陷，清晰有效地描述软件清晰。如果描述清晰准确，能精确回答第①、第②、第③三个步骤涉及的问题，那就意味着测试和调试之间画上了明显的分割线，从而使得测试人员不受开发人员影响而专注于测试。反过来，如果测试人员无法准确描述软件缺陷的特征、无法将其有效再现和分离，将导致测试人员不得不和开发人员共同参与到调试过程中。而实际上,测试人员在其权责范围之内的工作量是很大的,不应该被卷入调试工作,而只是需要在软件缺陷描述的基础上回答一些开发人员的问题就可以了。

因此,分离和再现软件缺陷是测试执行过程中的重中之重,非常能够反映测试人员的专业技能水平,如果没有做好,将会无休止地回答开发人员的提问,增加自身的工作量。

4.1.3 软件缺陷的生命周期

生命周期是指一个生命从诞生到消亡所经历的不同阶段,那么软件缺陷生命周期就应该是指一个软件缺陷从被发现、向上报告到被修复、确认并最终关闭的全部过程。在这个生命周期之中,一般以软件缺陷状态的改变来体现不同的生命阶段,因此,测试人员可以通过观察软件缺陷状态的改变,跟踪软件缺陷的进度。

一个最简单的软件缺陷生命周期可以如图 4-2 所示,具体描述如下。

① 发现——分配打开阶段:测试人员发现软件缺陷并将该缺陷提交给开发人员。

② 分配打开——修复阶段:开发人员根据缺陷报告再现缺陷并尽力修复,然后再提交给测试人员进行确认。

③ 修复——确认关闭阶段:测试人员经过回归测试确认该缺陷已被修复,关闭已不存在的缺陷。

在实际的软件缺陷生命周期中,不可能像图 4-2 所示的那么简单。这 4 个阶段总体按照顺序进行,但是软件缺陷有可能在某个阶段出现多次迭代,同时在参与人员方面,除了测试人员和开发人员之外,还会有管理人员的加入,如测试组长、项目经理等。

图 4-2 简单的软件缺陷生命周期

1. 软件缺陷的发现阶段

这是整个软件缺陷生命周期的第 1 个阶段,在这一阶段,测试人员需要执行测试用例、发现软件缺陷,记录相关信息,包括发现缺陷时的支持数据信息和环境配置信息,如被测系统的硬件信息、软件信息、数据库信息和平台信息等。同时,需要对软件缺陷相关的一些重要属性进行分类,主要包括引起缺陷的原因、缺陷是否可以重现、缺陷发现时的系统状态、缺陷发生时的征兆、缺陷的严重程度、缺陷的优先级、缺陷对软件质量的影响等。

这一阶段的主要参与人员是测试人员。

2. 软件缺陷的分配打开阶段

这一阶段实际上是测试人员和开发人员之间的过渡阶段,参与者是缺陷评审委员会,主要有测试组长、项目经理、质量经理及资深开发人员、测试人员组成。这一阶段的主要工作就是对提交的软件缺陷进行审核,如果审核没有通过,则返回测试人员重测;如果审核通过,就将缺陷分配给开发人员进行修复。这个过程也有可能存在对某个缺陷的争议,那就需要该委员会进行有效仲裁,以决定该缺陷是否真是缺陷、是否需要修改、是不是可以延期到下一版本再处理,或者该缺陷根本就不是代码引起的,而是要修改设计等。

当缺陷处于打开状态时,说明开发人员已经开始对该缺陷进行修复。

3. 软件缺陷的修复阶段

根据前面阶段中得到的结果和信息,就可以采取改正措施解决引起缺陷的错误。采取的行动可能是修复缺陷，也可能是针对开发过程和测试过程的改进建议，以避免在将来的项目中重复出现相似的缺陷。

在缺陷修复阶段主要完成人是软件开发人员，他们根据已有的信息再现软件缺陷，必要时可向测试人员做一些咨询。

修复完成后，开发人员将其提交给测试人员进行回归测试。

4．软件缺陷的确认关闭阶段

这是软件缺陷生命周期中的消亡期。当开发人员对软件缺陷进行相应修复后，将修复后的代码合入某个新版本，然后交付给相关的测试小组进行确认测试，测试通过，则缺陷状态为已修改。同时，对某些比较复杂、重要、比较严重的软件缺陷，缺陷评审委员会对整个缺陷修复过程进行评审，评审通过后将缺陷状态修改为结束关闭状态。

在软件缺陷生命周期的正常顺序完成过程中，相邻的阶段可能会出现相互迭代的过程，不同的参与角色之间也有可能出现交互的过程，如测试人员和测试组长之间可能会就某个缺陷来回迭代，开发人员和测试人员之间也会就某个缺陷进行询问和回答等。这样我们得到一个比较复杂的软件缺陷生命周期的全过程，从中可以看到缺陷状态的改变，如图 4-3 所示。

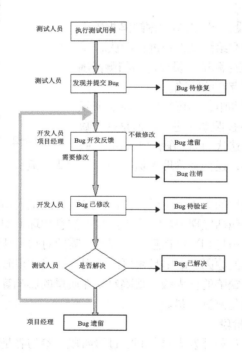

图 4-3　复杂的软件缺陷生命周期

综上所述，软件缺陷在整个生命周期中以其状态来划分，经过不同人员的审核修复，并最终通过关闭该缺陷来结束其周期。在这个周期的不同阶段中，软件缺陷一旦被发现，便会处在测试人员、开发人员、管理人员的严密监控之下，他们共同参与，直到软件缺陷生命周期结束，这样既可保证尽可能高效地关闭软件缺陷、提高软件质量，同时也减少了开发维护成本。

4.2 测试执行与报告软件缺陷

4.2.1 应知应会

测试执行是测试人员以《测试需求文档》、《测试计划》、《测试执行计划》、《测试用例》等文档为依据，发现软件当中存在的缺陷，并将结果记录下来向上级报告的过程。

测试执行过程可以用图4-4来描述其步骤。

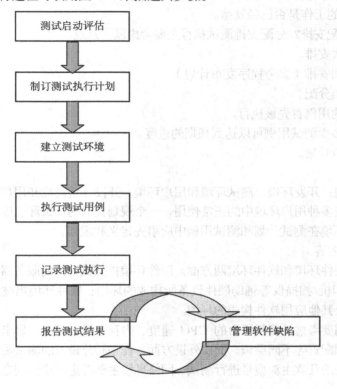

图4-4 测试执行过程

1．测试启动评估

在一个产品级的软件的测试过程中，测试组为了进行一个版本的测试，需要投入很大的成本，包括测试环境的搭建、测试人力资源的投入等，这种投入还将随着产品特性的增加而不断膨胀。假设测试启动评估环节的目的不是为了评估开发人员的工作业绩，而是为了控制测试质量，尽量减少前期不成熟的版本对测试资源的巨大浪费，而通过这种牺牲短期的内部控制成本，可以较好地避免后期浪费大量测试投入的风险。

在测试启动评估环节中的主要内容包括以下几方面。

① 根据给定的版本测试时间及测试用例情况，结合测试执行能力基线，评估本轮测试需要达到的覆盖度。

② 根据覆盖度确定本轮测试执行应发现缺陷的阶段目标。

③ 评审各特性用例是否合理，是否存在极不均衡现象，是否存在过度测试？是否存在部分特性无法完成测试？

④ 评审测试时间的合理性。

总之，在测试执行之前，测试组需要综合考虑一些问题，尤其是对大项目而言，需要"万事俱备"才可实施。而测试启动评估要做的就相当于根据版本经理提供的代码规模、配套文档等信息做预测试，提交本轮测试的评估报告，从而确定是否转入正式测试。

2．制订测试执行计划

测试执行计划是为了确保正常地实施测试动作。

在制订测试执行计划环节中主要内容包括以下内容

① 什么时候开始执行测试。

② 执行测试前相关的工作是否已经就绪。

③ 测试执行如何分配安排？分配安排测试执行主要考虑以下几点。

➢ 测试执行的轮次安排。

➢ 测试执行的时间安排（参考程序发布计划）。

➢ 测试执行的人员分配。

➢ 哪些高优先级的用例首先被执行。

➢ 大概每天执行多少测试用例可以达到预期的进度。

➢ 其他的一些应急预案。

3．建立测试环境

软件运行有 3 种环境：开发环境、测试环境和用户环境。开发环境往往和用户环境相差较大，而为了保证软件能在多种用户环境中的正常使用，一个规划良好的测试环境应该尽量接近于用户环境，并且测试环境在测试计划和测试用例中应事先定义和规划。

① 测试环境包括的内容

建立测试环境包括硬件环境和软件环境两方面。硬件环境指测试必需的服务器、客户端、网络连接设备，以及打印机/扫描仪等辅助硬件设备所构成的环境；软件环境指被测软件运行时的操作系统、数据库及其他应用软件构成的环境。

在硬件环境方面，需要考虑计算机平台的 CPU 速度、内存容量、硬盘、显卡等方面的最低配置、标准配置和理想配置等不同层级。而在外设方面，在多种外设上的测试需要大量的时间和费用，一般选择设备的几款主流型号进行测试。网络环境主要考虑网络访问方式、访问速度、防火墙等因素。

在软件环境方面，主要考虑操作系统、浏览器、软件支持平台等方面。在操作系统方面，常见的 Windows 系统有多个版本，每个版本又有多个系列，一般在某个版本中低等级系列上能够通过测试的软件，也能够通过高等级系列的测试；而 Linux 系统的版本更多，测试时首先关注软件所要求的 Linux 核心版本。对基于 Web 应用的软件，不同浏览器环境下的测试显得非常重要，常见的 IE、FireFox、Opera、Mozilla 等浏览器环境等应该考虑。而软件支持平台主要包括：Java 虚拟机、数据库、应用服务器、第三方控件、浏览器插件等。

② 建立测试环境的原则

前面已述，测试环境应尽量接近用户环境，但用户环境过于多种多样，不可能面面俱到，因此要分析用户环境中哪些配置可能对软件有所影响，在此基础上建立测试环境，考虑环境配置的优先级：

➢ 首先，考虑用户环境使用的频度或范围，使用广泛的优先配置；

➢ 其次，考虑某种环境失效的可能性；

➢ 最后，尽可能的最大限度模拟真实环境。

③ 建立测试环境的步骤

➢ 安装应用程序。

➢ 安装和开发测试工具（如果需要）。

➢ 设置专用文件，包括将这些文件与测试所需的数据相对应。

➢ 建立与应用程序通信的实用程序。

➢ 配备适当的硬件以及必要的设备。

4．执行测试用例

在设置测试环境，确保所需的全部构件（包括硬件、软件、工具、数据等）都已实施并处于测试环境之后，将测试环境初始化，确保所有构件都处于正确的初始状态，可以通过适当的人员动员，确保每一个测试人员清晰理解测试计划、测试范围和所有测试项目的定义，然后可以开始测试。

需要注意的是，测试过程的执行方式将依据测试是自动测试还是手工测试而有所不同。在测试业中有这么一条至理名言：手工测试和自动化测试各会发现不同类型的错误。所以专家认为应该两种测试都要做。自动化有很多优点，应该用来检验项目 POP1 级用例的正确，保证项目最基本的功能正常运行，具体内容我们将在第 6 章中详细论述。当手工执行测试时，可以充分利用人的能力，可以临时想出新测试，也可以注意到不能预测的现象。

在测试用例的执行过程中，需要评估测试执行情况。如果所有测试过程（或脚本）按预期方式执行至结束，则核实测试结果；如果测试过程（或脚本）没有按预期方式执行或没有完全执行，即当测试异常终止时，测试结果可能不可靠，那么在执行任何其他测试活动之前，应确定并解决异常或提前终止的原因，然后重新执行测试。

在逐个执行测试用例过程中，需要注意以下几个问题。

① 全方位地观察测试用例执行结果

测试执行过程中，当测试的实际结果与测试用例中的预期结果一致时，是否可以认为测试用例执行成功了？答案是否定的，即便实际测试结果与测试的预期结果一致，也要查看软件产品的操作日志、系统运行日志和系统资源使用情况，来判断测试用例是否执行成功了。全方位观察软件产品的输出可以发现很多隐蔽的问题。

② 及时确认发现的问题

测试执行过程中，如果确认发现了软件的缺陷，那么可以毫不犹豫地提交问题报告单。如果发现了可疑问题，又无法定位是否为软件缺陷，那么一定要保留现场，然后告知相关开发人员到现场定位问题。如果开发人员在短时间内可以确认是否为软件缺陷，测试人员给予适当配合；如果无法短期之内确认，那么测试人员应着手自己下一步的工作。

③ 及时更新测试用例

测试执行过程中，应该注意及时更新测试用例。在测试执行过程中，往往能发现遗漏了一些测试用例，这时候应该及时补充；往往也会发现有些测试用例在具体的执行过程中根本无法操作，这时候应该删除这部分用例；也会发现若干个冗余的测试用例完全可以由某一个测试用例替代，那么就应删除冗余的测试用例。

④ 保持良好的沟通

不仅测试人员之间要保持经常沟通，还要求和项目组的其他人员保持有效的沟通，同时对每个阶段的测试结果进行及时有效的分析，保证阶段性的测试任务得到完整的执行并达到预定的目标。核实测试结果后，判断何为真正的缺陷，进入测试执行的下一阶段。

5．记录测试执行

做好测试执行记录的目的有以下几个。

➢ 保证测试工作的可追溯性。

➢ 记录测试人员的工作情况。

➢ 作为绩效评估的重要数据。

而测试执行记录的内容主要有 4 个。

➢ 什么人——测试执行的人员。

➢ 什么时候——测试执行的时间。

➢ 做了什么——项目 ID、测试执行的描述等。

➢ 结果如何——是否通过测试，对软件缺陷的描述。

其中最重要的就是测试结果的记录了，它应当包括记录好的每个成员的工作量，用例的执行状态是 Pass/Fail；记录缺陷报告捕获测试结果，以备提交给上级审查及开发人员进行修复；做好缺陷的跟踪和管理，对缺陷进行跟踪、统计分析和趋势预测（详见本章 4.3 小节）；进行常规的缺陷审查，包括缺陷的严重性、描述、修正的反应速度等，及时发现问题、纠正问题，使整个测试进程在控制轨道上发展。

6．报告测试结果

测试执行后提交的问题报告单，是软件测试人员的工作输出，是测试人员绩效的集中体现。因此，向上级提交一份优秀的问题报告单是很重要的。软件测试报告单最关键的域就是"问题描述"，这是开发人员重现问题、定位问题的依据。问题描述应该包括以下几部分内容：软件配置、硬件配置、测试用例输入、操作步骤、输出、当时输出设备的相关输出信息和相关的日志等。

软件配置：包括操作系统类型版本和补丁版本、当前被测试软件的版本和补丁版本、相关支撑软件，如数据库软件的版本和补丁版本等。

硬件配置：计算机的配置情况，主要包括 CPU 、内存和硬盘的相关参数，其他硬件参数根据测试用例的实际情况添加。如果测试中使用网络，那么网络的组网情况，网络的容量、流量等情况应考虑在内。硬件配置情况与被测试产品类型密切相关，需要根据当时的情况，准确翔实地记录硬件配置情况。

测试用例输入/操作步骤/输出：这部分内容可以根据测试用例的描述和测试用例的实际执行情况如实填写。

输出设备的相关输出信息：包括计算机显示器、打印机、磁带等输出设备，如果是显示器可以采用抓屏的方式获取当时的截图，其他的输出设备可以采用其他方法获取相关的输出，以便在问题报告单中提供描述。

日志信息：规范的软件产品都会提供软件的运行日志和用户、管理员的操作日志，测试人员应该把测试用例执行后的软件产品运行日志和操作日志作为附件，提交到问题报告单中。

另外，根据被测试软件产品的不同，需要在"问题描述"中增加相应的描述内容，这需要具体问题具体分析。

7．管理软件缺陷

这部分内容将在本章 4.3 小节"软件缺陷的跟踪管理中"再行讨论。

4.2.2　网上商城购物系统测试 SPR 报告单

应用前面编写的超市管理系统"用户管理"模块的测试用例，测试该系统模块，寻找 Bug，并完成 SPR 报告单。SPR 报告单格式如表 4-2 所示。

表 4-2

项目名称	网上商城购物系统	项目标识	OSMS	项目编号	001
版本号	1.0	测试时间	2014.3 .3	测试人员	徐丽
模块编号	02	模块名称	注册新用户	用例编号	03
软件环境	Windows 7				
硬件环境	Intel(R) Core(TM)i3-2120 CPU @3.30GHz 3.30GHz 4.00GB　　32 位操作系统				
用例描述	利用黑盒测试方法对网上商城购物系统的添加用户模块进行测试 打开"新用户注册页面"————在"用户名"中填写带有空格的用户名————在"密码"中填入正确密码————在"密码确认"中填入相同的密码—————勾选"确认阅读并同意《注册协议》"选项。单击"提交"按钮。程序将提示：用户名中不能有空格				
操作描述	1. 打开网上商城购物系统的"新用户注册页面"页面 2. 在"用户名"项中填入带有空格的用户名 "bl ue" 3. 在"密码"项中填入正确的密码"123456" 4. 在"密码确认"中填入与上边的密码相同的密码"123456" 5. 勾选"确认阅读并同意《注册协议》"选项 6. 单击"提交"按钮 7. 进入"注册成功"页面				
问题描述	在"用户名"中输入有空格的名称，单击"提交"按钮，根据规格说明应弹出错误提示，注册用户失败，但实际注册用户成功				
级别	2		优先级		1
状态	1				
问题图片	您的位置：　首页 >> 注册成功！ 　　　　　　　用户名：bl ue 填写带有空格的用户名，显示"注册成功"页面				
备注	问题级别：1-致命，2-严重，3- 一般，4-可忽略的（重复性的） 优先级：1-需立即修复，2-可暂缓修复，3-可不必修复 状态：1-New，2-Open，3-Fixed，4-Closed				

4.2.3　拓展任务

应用前面编写的超市管理系统"用户管理"模块的测试用例，测试该系统模块，寻找 Bug，并完成 SPR 报告单。"用户管理"界面如图 4-5 所示，功能需求简介如下。

1. 用户名：直接显示，不允许用户修改。
2. 会员级别：直接显示，不允许用户修改。
3. E-Mail：输入字符串中必须包含"@"和"."字符。一个 E-Mail 地址由 3 部分组成：POP3 用户名，符号'@'和服务器名称。POP3 用户名可以包含英文字母、数字和下划线。而一个服务器名可以包含英文字母、数字和英文句号。开头不可以是英文句号，不能有两个连续英文句号，在他们中间至少有一个字母。
4. 真实姓名：可以为空，长度必须小于等于 20。
5. 密码提问：可以为空，长度必须小于等于 30。
6. 问题答案：可以为空，长度必须小于等于 30。

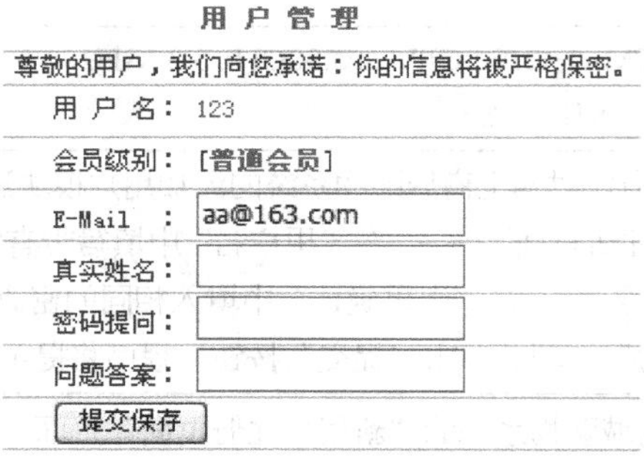

图 4-5　用户管理界面

4.3　软件缺陷的跟踪管理

软件缺陷被报出之后，接下来就是要对它进行跟踪处理。软件缺陷的跟踪管理是软件测试工作的重要组成部分。

4.3.1　软件缺陷跟踪管理系统

1．术语辨析

在软件测试过程中经常会出现术语来描述软件出现的问题，如软件错误（Software Error）、软件缺陷（Software Defect）、软件故障（Software Fault）、软件失效（Software Failure）。区分这些术语很重要，它关系到测试人员对软件失效机理的正确理解，总地来说，失效机理可以描述为软件错误是一个人为的过程，相对软件本身是一种外部行为；一个软件错误必定产生一个或多个软件缺陷；当其中的一个缺陷被激活时，软件故障便产生了，同一个软件缺陷在不同条件下被激活，可能产生不同的故障，所以，软件故障是一种动态行为；此时若没有适当的措施加以及时处理，便产生了软件失效。

2．软件缺陷跟踪管理的目的

软件测试的目的是为了尽早发现软件缺陷，因为随着软件缺陷发现时间的推移，修复成本将呈几何级数增加。而缺陷管理的目的是通过对各测试阶段发现的缺陷进行有效跟踪，以确保各缺陷的处理及时，达到标准。简单而言，软件测试的过程就是一个软件缺陷的生命周期，对缺陷的跟踪管理主要实现以下目标。

① 及时跟踪每个发现的软件缺陷，确保每个缺陷都能及时被解决。解决并不一定就是修

复，也有可能是延迟到下一版本再处理，或者由于技术原因或成本问题无法修复而注销等。总之，每个缺陷务必有理有据地被处理。

② 收集缺陷数据并生成缺陷趋势图以识别测试阶段。利用数据生成的缺陷趋势曲线是判断测试是否可以结束的一种行之有效的方法。

③ 收集缺陷数据，并在其上进行数据分析，作为组织过程的财富。

以上的第①点很直观，也很容易被重视，而第②、第③很容易忽视，实际上，缺陷数据的收集和分析是很有价值的，从中可以获得很多与软件质量相关的数据，而这对一个有远见的企业来说很重要。

3．软件缺陷跟踪管理的人员职责

在软件缺陷跟踪管理过程中，涉及管理人员、开发人员和测试人员等多个角色，各角色之间相互配合，共同处理软件缺陷。各角色职责分布如下。

① 高级经理（EM）：负责裁决测试组长和项目经理之间关于缺陷的争议。

② 项目经理（PM）：一般由项目经理来判断是否真为缺陷，并负责将缺陷分配给各开发人员进行修复。

③ 测试组长（TM）：主要职责是确定缺陷管理的工具和方式，审核测试人员提交的缺陷、管理缺陷的状态，并评估测试人员的工作质量。

④ 测试人员（TE）：是测试工作的完成人，主要工作包括：测试用例的编写、测试和回归测试的执行、缺陷的提交和跟踪分析以及测试周报月报的提交等。

⑤ 开发人员（DE）：开发人员在测试环节负责修复软件缺陷。

⑥ 其他人员：如质量保证人员，负责监控缺陷跟踪管理的执行情况。

我们可以用一张图来直观再现软件缺陷管理的流程，如图4-6所示。

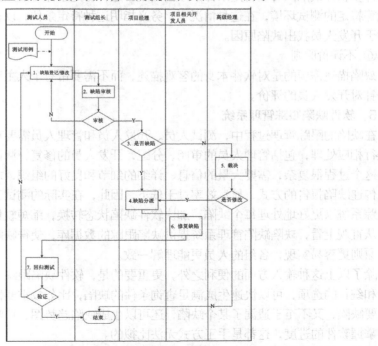

图4-6 软件缺陷跟踪管理流程图

4．软件缺陷的描述原则

软件缺陷的报告中需要很多的属性描述，关于软件缺陷的属性在前面的小节中已有叙述。而其中的软件缺陷描述是测试人员在软件缺陷报告中对问题陈述的重要部分，也是其中的基础部分，同时它也是测试人员和开发人员之间关于缺陷问题的最好沟通途径。一个好的缺陷描述简单而专业，准确抓住缺陷实质，有助于减少缺陷在开发人员和测试人员之间的往返次数，加强各组人员之间的协同工作能力，提高相互之间的信任度，使得开发人员的修复过程变得简单。以下是缺陷描述的一些有效原则。

① 单一性原则

如果在一个缺陷报告中表达了多个缺陷，往往会导致只有部分缺陷被注意和解决。因此，每个报告只针对一个缺陷显得很重要，而如果在多个模块中出现同样的缺陷，可以在同一报告中体现。

② 可再现原则

软件缺陷是否可以再现关系到开发人员能否正确有效地修复该缺陷，因此，缺陷描述应该精确提供缺陷出现的操作步骤，开发人员容易读懂并操作。

③ 统一性原则

缺陷的描述需要前后统一，信息完整，必要时可加入屏幕截图辅助说明。

④ 简练原则

缺陷描述务求简单、准确、易懂，不相干、含糊的操作描述将严重影响开发人员的工作。通过使用统一的关键词，既可以使缺陷描述短小精炼，又可使缺陷现象描述准确。

⑤ 指明特定条件

许多软件缺陷只有在特定条件下才会出现，这种特定条件可能是操作系统、浏览器、网络环境等特定的测试环境，在这种情况下，务必指明这种特定条件，以补充完善软件缺陷报告，有助于开发人员找出缺陷原因。

⑥ 不评价原则

缺陷描述需要的是对软件本身的客观描述，而不需要带有个人主观色彩的评价，尤其是不要有针对开发人员的评价。

5．软件缺陷跟踪管理系统

在缺陷的跟踪管理过程中，测试人员、开发人员和管理人员需要在软件缺陷的不同生命阶段进行相应处理，包括管理人员的审阅、分配，开发人员的修复，测试人员的回归测试、关闭等，这个过程很复杂，需要大量的信息、详细的细节和良好的组织，才能卓有成效。如果采用人工传递缺陷报告的方式，显然效率过于低下，因此，在实际的测试工作中，常常运用软件缺陷跟踪系统以更好地处理每个缺陷，加快软件缺陷状态转换，缩短软件缺陷生命周期。

从直观上看，缺陷缺陷管理系统提供缺陷跟踪的数据库，使得缺陷描述的清晰、简洁、统一等原则更容易实现，各组的人员更能理解一致。

除了以上这种输入方面的便利之外，更重要的是，软件缺陷跟踪管理系统可以提供大量供分析和统计的选项，可以快速生成满足查询条件的缺陷，比如按重要性或严重性排序等，既彰显重要缺陷，又不至于遗漏了某个缺陷，还可以生成缺陷趋势图、缺陷报表，各小组成员都能随时掌握软件的进度，这都是手工方式无法比拟的。

另外，将软件缺陷信息记录到电子化的管理系统中，使工作人员可以很方便地查看历史记录，有助于理解和处理新面临的缺陷。而那些没能关闭的缺陷，也可以在新版本发布的时候，生成预警报告和提供有效的技术支持。

目前，比较知名的软件缺陷跟踪管理系统有 Mercury 的 TestDirector、Atlassian 的 JIRA 以及 Mantis 等。在工业级软件领域，Mercury 是测试软件领域的领头羊，而 TestDirector 也成为了软件缺陷跟踪管理系统的标杆，但其价格昂贵。JIRA 是目前比较流行的基于 Java 架构的缺陷跟踪系统，在开源领域其认知度相当高，用户购买其软件的同时，也将源代码也购置进来，方便做二次开发。正因为其开放性，价格也相当不菲。而 Mantis 是一个基于 PHP 技术的轻量级的开源缺陷跟踪系统，以 Web 操作的形式提供项目管理及缺陷跟踪服务，在功能上、实用性上足以满足中小型项目的管理及跟踪，而且不需要任何费用。图 4-7 所示就是一个 Mantis 的操作界面。可以通过上方导航条上的条目分别进行软件缺陷的查看、提交、变更、统计等管理工作。

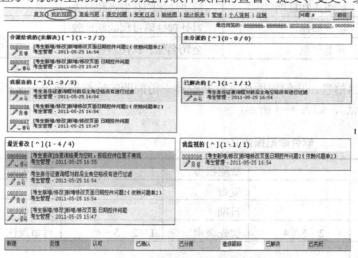

图 4-7　Mantis 的操作界面

4.3.2　手工软件缺陷报告

1．软件缺陷报告

任何一个软件缺陷跟踪管理的核心就是"软件缺陷报告"，在前面的各小节当中，我们已经论述了软件缺陷的基本属性、图片补充信息、再现和分离缺陷、测试环境等报告要点，我们将这些要点加以汇总，就可以得到一份详细完整的软件缺陷报告所需的条目信息，如表 4-3 所示。

表 4-3　　　　　　　　　　　　　　　软件缺陷报告项目表

项目	小项目	描述
唯一标识	缺陷序号	可由系统自动产生，用于识别、跟踪、查询
软件缺陷基本信息	缺陷的状态	激活、已修复、延期、关闭等
	缺陷的摘要	软件缺陷的核心表达
	缺陷的严重程度	致命、严重、一般和微小，可用数字1~4表示
	缺陷的优先级	反映缺陷修复的优先次序，可用数字1~4表示
	缺陷的再现程度	可以简单使用是否可再现来描述
	缺陷提交人和时间	缺陷发现人的姓名和发现时间
	缺陷所属模块	精确定位缺陷所在的模块，也反映缺陷的起源

项目	小项目	描述
软件缺陷详细描述	再现步骤和分离	对缺陷出现的操作步骤的一步步描述
	期望的结果	按照用户需求，所期望的正确结果
	实际测试结果	软件发生的错误结果
测试环境	测试环境	对操作系统、浏览器、外设、网络状况的说明
补充说明	截取的图片	使用图片或专业工具捕获的日志文件等
解决情况的描述	解决人和日期	解决缺陷的开发者和解决的日期
	解决描述	对处理缺陷过程的简单叙述
其他信息	其他信息	公司名称、软件名称、版本信息、人员签字等

综合这些条目信息，我们根据相关标准设计一份简要的软件缺陷报告文档（实际应用中可根据需要加减要点），如表4-4所示。

表4-4　　　　　　　软件缺陷报告文档

公司名称		缺陷报告		缺陷编号	
软件		发布		版本	
测试员		日期		提交给	
严重程度	1　2　3　4	优先级别	1　2　3　4	可重现性	Y　N
缺陷摘要					
缺陷描述					
解决状态					
解决日期		解决人		版本号	
解决描述					
重新测试人		测试版本		测试日期	
重新测试描述					
				签名	
编写人			测试员		
程序员			项目经理		
市场部			技术支持		

2. 软件缺陷详细描述示例

一份优秀的软件缺陷报告最核心的部分就是关于缺陷的详细描述了，它不仅包含了期望的结果、实际的结果等，还包括测试环境、必要的条件和适当的分析，而且需要最简练准确的再现步骤。

图4-8所示是一份冗长混乱、语言文字显得很散漫的缺陷描述。这份描述中包含了无关的再现步骤，还包含了丝毫无助于开发人员理解的结果信息。

> 缺陷摘要：在 Solaris、Windows XP 和 Mac OS 上运行 Note，一些数据在设置成某种格式时会出现显示异常。
>
> 缺陷描述：
>
> 再现步骤：
> 1)在 Windows XP 下打开 Note 程序，编辑一个已存在的文件，该文件有多行，且包括多种字体格式；
> 2)我选择文件打印，工作正常；
> 3)我新建并打印一个包含图形的文件，工作正常；
> 4)我新建一个新文件；
> 5)接着我输入一连串随机文本；
> 6)高亮选中几行文本，选择右键弹出菜单中 Font 选项，并选择 Arial 字体；
> 7)文本显示变得异常；
> 8)试着运行了三次，每一次都出现同样问题；
> 9)在 Solaris 上运行了 6 次，没有看到任何问题；
> 10)在 Mac 上运行了 6 次，没有看到任何问题；
>
> 分离：我尝试选择其他字体形式，但只有 Arial 有这个问题出现。然而，该问题可能仍然在我没有测试的其他字体下出现。

图 4-8　混乱的缺陷描述

图 4-9 所示是一份含糊不清的缺陷描述，在这份描述中关于缺陷再现的步骤描述不清，不利于开发人员的理解和修复。

> 缺陷摘要：Note 程序在使用 Arial 字体时出问题
>
> 缺陷描述：
>
> 再现步骤：1）打开 Note 程序；
> 　　　　　2）键入一些文本；
> 　　　　　3）选择 Arial 字体；
> 　　　　　4）文本显示异常。

图 4-9　不完整的缺陷描述

而一份优秀的缺陷描述应该如图 4-10 所示的那样，简明、清晰。

> **缺陷摘要**：Windows XP 下 Note 在新建文件中设置 Arial 字体时出现乱码。
>
> **缺陷描述**：
>
> 再现步骤：1)打开 Note 创建一个新文件；
> 　　　　　2)随意输入两行或多行文本；
> 　　　　　3)选中一段文本，在右键弹出菜单中选中格式选项，选择 Arial；
> 　　　　　4)文本被改变成无意义的乱写符号；
> 　　　　　5)尝试了 3 次该步骤，同样的问题出现了 3 次。
>
> 期望结果：当用户选择已录入的文字并设置文字字体格式时，应正确显示格式。
>
> 实际/分离：1)保存新建文件，关闭 Note，重新打开该文件，问题仍然存在；
> 　　　　　　2)如果在把文本改成 Arial 字体前保存文件，该错误不会出现；
> 　　　　　　3)该错误只存在于新建文件时，不出现在已存在的文件；
> 　　　　　　4)该现象只在 Windows XP 下出现；
> 　　　　　　5)该错误不会出现在其他字体改变中。

图 4-10　优秀的缺陷描述

4.3.3　自动软件缺陷跟踪

前面已有叙述，如果使用纸张或者文件的方式去记录和传递软件缺陷，不仅变更缺陷状态非常麻烦，更重要的是信息无法共享。因此，对软件缺陷进行自动跟踪，除了可以对需求的完成度进行有效控制，也可以对软件质量进行很好的控制，从而更好地保证软件开发的顺利进行。

1．软件缺陷自动跟踪工具的特点

我们知道，在软件开发过程中七八成的成本用于解决软件缺陷，一个高效的软件缺陷自动跟踪工具可以通过促成灵活多变的工作流，配合业务流程，自动将缺陷问题引导到下一阶段等方式，帮助企业优化并缩短缺陷生命周期、降低运转成本。

第一，友好的 GUI（Graphical User Interface，圆形用户界面）有助于迅速开展工作，其简单、直观的功能可以帮助我们快速建立和定制项目，以适应当前项目的需求。

第二，借助自动跟踪工具，我们可以记录软件测试过程中发现的缺陷以及用户所报告的问题，还可以通过电子邮件通知、自动分配规则、预先定义的优先级等对缺陷问题进行分配。当然，这需要我们事先设置适当的处理规则，工具按照这些规则对各个缺陷按照其生命周期的状态进行相应处理，这种自动化的工作流程与已有的业务流程相结合，减少大量单调的手工处理任务和重复性的决策处理，实现处理流程的自动化，进而减少了缺陷跟踪的时间，以便将更多的时间用于软件缺陷的修改与测试，极大提高工作效率，也加快了软件的发布和提高了产品的可靠性。

第三，以 Web 分方式展开缺陷跟踪。随着企业的发展和各部分的扩张，需要解决不同地域、不同部门之间的协同工作问题。这就需要自动跟踪工具是基于 B/S 结构的，运行各组人员以 Web 方式进行访问，保证能实时地查看和修改缺陷的状态。

第四，自动跟踪工具需要提供许多预定义的报表、图表以及用于有效表达项目状态的查询信息和缺陷统计信息来帮助项目管理。

此外，自动跟踪工具根据需要可以定制个人级、项目组级、公司级的各种查询条件。通过使用 SQL 语言，可以从不同数据库中，提取复杂的、跨产品的问题或关键信息，帮助管理者确定软件是否具备发布条件。

根据以上分析的软件缺陷自动跟踪工具所需的特点，我们也就不难找到一个高效地自动跟踪工具所需具备的功能，包括但不仅仅包括以下罗列的功能条目。

➢　一种友好、易用的的缺陷记录机制。

➢　一个稳定、安全的数据库。

➢　集成的服务台程序。

➢　从通知到解决的工作流跟踪管理。

➢　根据缺陷问题的数据自动触发相应的行为，如邮件通知、工作流转换等。

➢　自动的、具有提示性的分析功能。

➢　详细的查询功能。

➢　自动生成直观的报表、图表和统计结果。

➢　大范围的决策支持。

2．Mantis 使用的简单说明

缺陷管理平台 Mantis，中文名为"螳螂"。Mantis 是一个缺陷跟踪系统，以 Web 操作的形式提供项目管理及缺陷跟踪服务。Mantis 可以帮助所有开发人员完成系统需求缺陷的有效管理，对于 Bug 问题的状态变化将通过邮件的形式由系统自动通知相关人员，且可以自动生成统计报

表和自动导出成 doc 或 excel 格式的文件。Mantis 是基于 mysql+php 的服务，可以通过备份 mysql 数据库实现资源的备份与还原，具有极高的安全可靠性。

　　在安装并初始化之后，即可登录，在如图 4-11 所示的登录界面输入用户名和密码之后，即可成功登录。

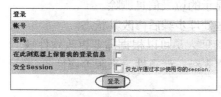

图 4-11　Mantis 登录界面

　　在 Mantis 系统中，分别有几种角色：管理员、经理、开发人员、修改人员、报告人员、查看人员。每个角色所具备的权限不一样，权限从大到小排列依次是：管理员→经理→开发人员→修改人员→报告人员→查看人员。其中，管理员是管理整个系统运作的工作人员，他不仅是整个系统的操作流程中权限最高的人员，而且可以对项目进行创建和管理、对人员账号进行创建和管理等工作。其他人员的权限依次递减，各人的职责和缺陷从其名称上基本上就可以判断，不再赘述。

　　登录后，进入工作页面，选择页面上方的菜单栏进入相应的页面。菜单导航栏如图 4-12 所示。

图 4-12　Mantis 菜单栏

　　① "我的视图" 模块。

　　在 "我的视图" 下，缺陷根据 "分派给我的（未解决）"、"未分派的"、"我报告的"、"已解决的"、"最近修改"、"我监视的" 等工作状态分类成几个表格，符合状态的缺陷都一一加以显示。在所有工作页面下，缺陷编号对应其详细信息的超链接，可以根据工作需求直接单击进入进行相关的查看、修改等操作。具体在图 4-7 已有显示，此处不再重复。

　　② "查看问题" 模块。

　　在 "查看问题" 下，页面上部是一个过滤器，页面下部根据过滤器显示缺陷数据列表。管理通过创建、重置、管理过滤器实现对缺陷问题的筛选并显示。当然也可以直接通过在 "搜索" 处输入关键字进行查询。也可以实现缺陷数据的打印、导出等功能。界面如图 4-13 所示。

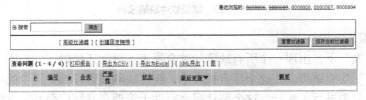

图 4-13　"查看问题" 界面

在该页面的下方，可以选择下拉菜单的操作命令，对缺陷进行相应操作。具体的可操作命令如图 4-14 所示。简单举例说明如下。

移动/复制：将当前的缺陷移动或复制到其他项目中。

分派：将缺陷分配给指定的开发人员进行修复。

关闭：缺陷已经确认已解决，或不是缺陷，管理人员可以将其关闭。

删除：可以将缺陷信息显示的垃圾信息删除。

更改状态：缺陷经过一些处理步骤后修改其状态。

其他的一些更新操作：管理人员可以根据需要更改软件缺陷的一些描述信息，如更新优先级、严重性、来源等属性。

③ "提交问题"模块。

在"提交问题"下，如果没有事先定制项目，则首先进入选择项目页面。之后进入报告问题的页面，可以看到一个提交缺陷的表单，如果单击"高级报告"则可以输入更加详细的缺陷信息，如图 4-15 所示。

图 4-14　操作命令下拉列表

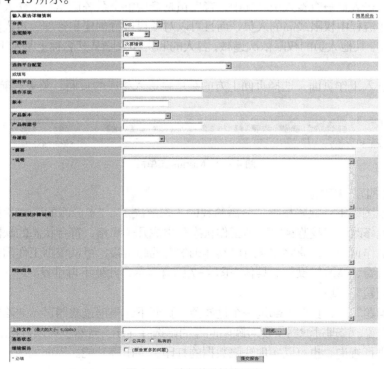

图 4-15　高级软件缺陷报告

④ "统计报表"模块。

在"统计报表"下，出现一个所有缺陷的综合报表，页面还提供了"打印报告"、"统计报表"、"先进摘要"功能链接。在这个综合报表中，按照缺陷报告详细资料中的项目，将所有的报告按照不同的分类进行了统计。这个统计报表有助于管理员及经理很好地掌握缺陷报告处理的进度，而且很容易就能把没有解决的问题与该问题的负责人、监视人联系起来，提高了工作效率。在这个页面中，还提供了更多按不同要求分类的统计图表，如按问题状态统计、按优先权统计、按严重性统计、按项目分类统计和按完成度统计（见图4-16）。

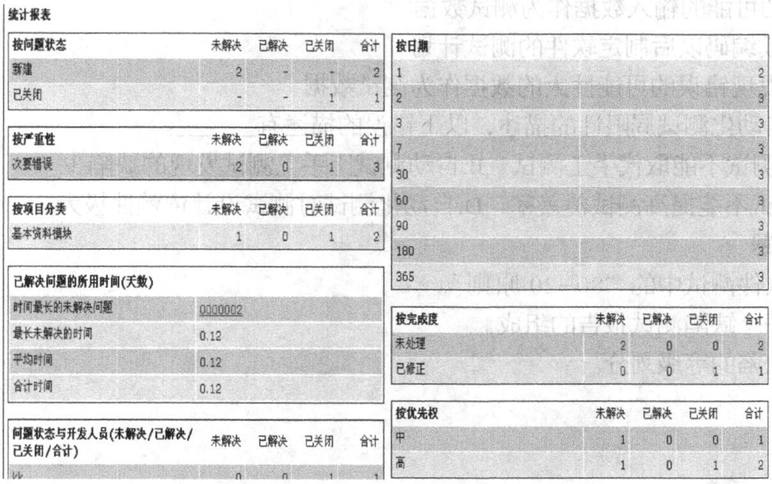

图 4-16　缺陷分类统计

⑤ 其他功能模块。

如路线图模块相当于查看一个缺陷的日志信息，单击缺陷编号可查看其详细信息；管理模块提供用户管理、项目管理、配置管理等管理功能。

在缺陷管理平台 Mantis 中的其他使用人员，如经理、开发人员、修改人员、报告人员、查看人员，只是减少一些相应的权限，操作方法都一样，不再赘述。

本章小结

本章首先对软件缺陷的定义、来源及属性进行论述，对软件缺陷的分离和再现进行讨论，并详细描述软件缺陷的生命周期。其次，结合实例对测试执行的全过程进行详述，分析测试员在测试过程中应该做哪些工作。最后，讨论了对软件缺陷的跟踪管理，描述跟踪管理的流程、原则，并详尽描述软件缺陷报告所应包含的内容，并简单介绍了一款自动软件缺陷跟踪管理系统。

思考与练习

一、选择题

1. 软件测试的目的是_____。

A. 评价软件的质量　　　　　　　　　B. 发现软件的错误

C. 找出软件中的所有错误　　　　　　D. 证明软件是正确的

2. 为了提高测试的效率，应该_____。

A. 随机地选取测试数据

B. 取一切可能的输入数据作为测试数据

C. 在完成编码以后制定软件的测试计划

D. 选择发现错误的可能性大的数据作为测试数据

3. 关于自动化测试局限性的描述，以下错误的描述有_____。

A.自动化测试不能取代手工测试　　B.自动测试比手工测试发现的缺陷少

C.自动测试不能提高测试覆盖率　　D.自动化测试对测试设计依赖性极大

二、简答题

1. 简述软件测试中的"80-20 原则"。

2. 简述一个缺陷测试报告的组成。

3. 简述缺陷的等级划分。

答案

一、选择题

1. B　　2. D　　3. B

二、简答题

1. 软件测试中的"80-20 原则"。

（1）80% 的软件缺陷常常生存在软件 20% 的空间里；

（2）测试工作中能够发现和避免 80%的软件缺陷，此后的验收测试等能够帮助我们找出剩余缺陷中的 80%，最后的 5%的软件缺陷可能只有在系统交付使用后用户经过大范围、长时间使用后才会暴露出来；

（3）80%的软件缺陷可以借助人工测试而发现，20%的软件缺陷可以借助自动化测试能够得以发现。由于这二者间具有交叉的部分，因此尚有 5%左右的软件缺陷需要通过其他方式进行发现和修正。

2. 缺陷测试报告的组成。

（1）测试软件项目名称,每个要测试软件项目都有唯一的名称，有的公司对项目还有特定的编号。

（2）测试软件版本号,测试周期内，一般需要测试多个软件版本，报告错误时，一定要正确填写产生错误的软件版本号。

（3）测试者名称，便于分清责任，便于管理。

（4）测试日期与时间，便于分析和统计错误报告信息。

（5）测试软件环境，包括操作系统和其他必要的软件程序。

（6）测试硬件环境，包括测试计算机和其他测试设备的配置信息。

（7）错误描述，简明的描述错误的特征，便于查询和快速浏览。包含以下几个方面：

b）错误标识编号（ID），每个错误都有一个唯一的标识编号，方便查询。

c）错误类型，根据错误类型，分配给适当的人员处理错误。

d）错误级别，错误的严重程度和处理优先级，优先处理高级别的错误。

e）错误状态，错误状态表明错误是否已经处理和将怎样处理，根据错误状态，采用适当的处理方法。

f）错误处理者名称，便于分清责任，便于管理。

g）重现错误的操作步骤，便于重现错误，修复错误和验证错误。

h）期望的结果，描述满足设计要求的结果。

i）实际测试结果，描述实际测试后得到的结果。

j）必要的附图，便于确认错误的表现形式和错误位置。

（8）测试者的建议等注释，便于错误处理者快速和正确处理错误。

3. 缺陷的等级划分。

A 类——严重错误，包括以下各种错误：1. 由于程序所引起的死机，非法退出 2. 死循环 3. 数据库发生死锁 4. 因错误操作导致的程序中断 5. 功能错误 6. 与数据库连接错误 7. 数据通讯错误；

B 类——较严重错误，包括以下各种错误：1. 程序错误 2. 程序接口错误 3. 数据库的表、业务规则、缺省值未加完整性等约束条件；

C 类——一般性错误，包括以下各种错误：1. 操作界面错误（包括数据窗口内列名定义、含义是否一致） 2. 打印内容、格式错误 3. 简单的输入限制未放在前台进行控制 4. 删除操作未给出提示 5. 数据库表中有过多的空字段；

D 类——较小错误，包括以下各种错误：1. 界面 ss 不规范 2. 辅助说明描述不清楚 3. 输入输出不规范 4. 长操作未给用户提示 5. 提示窗口文字未采用行业术语 6. 可输入区域和只读区域没有明显的区分标志；

E 类——测试建议。

第 5 章
测试总结分析

　　教学提示： 作为一个程序员如何写好代码是需要经常思考的问题，而作为测试员，如何写好测试报告同样是一项非常重要的工作。而要写好测试报告除了基本的写作技能和规范的测试报告模板之外，对测试进行评估和对质量进行深入分析显得更为重要。对测试的总结分析是每个测试工程师的高级职业技能。本章将通过实例对测试结果进行分析并对测试总结报告等进行阐述和分析。

　　教学目标： 通过本章的学习，读者将掌握软件测试总结分析和测试报告书写的原理和方法，完成软件测试的全过程。

5.1　测试用例分析

　　初涉软件测试的人员可能认为拿到软件之后就可以立即进行测试，并希望马上找出软件的所有缺陷，这种想法就如同没有受过工程训练的开发工程师急于去编写代码是一样的。软件测试也是一项工程，也需要按照工程的角度去认识和完成：要在具体的测试实施之前，需要我们明白测试什么、怎么测试等，也就是说，要通过制订测试用例指导测试的实施。

　　软件测试是有组织、有步骤和有计划的，是软件质量管理中最实际的行动，也是耗时最多的一项，因此软件测试过程必须能够加以量化，才能让管理层掌握测试过程，而测试用例的设计目的，就是为了能将软件测试的行为转换为可管理的模式。

　　简单地说，测试用例是为了有效地发现软件缺陷而设计的最小测试执行单元。在这种设计的情况下，软件应正常运行并达到程序所设计的运行结果。如果软件不能正常运行并且这个问题多次发生，那表示测试人员已经测试软件有缺陷，这时候标示该问题并输入缺陷跟踪系统，由软件开发人员将这个问题修改完成于下一个测试版本内。测试人员取得新的测试版本后，利用同一个用例来测试这个问题，确保该问题已经修改完成。

1．测试用例的特点

　　为了使测试用例能够达到可控、可管理、可跟踪的目标，一个好的测试用例应该具备如下的一些特点。

　　① 有效性。

　　测试用例是测试人员在测试过程中的重要参考依据，不同的测试人员使用同一测试用例所得到的输出结果应该是一致的，对于准确的测试用例的计划、执行和跟踪是测试有效性的有力证明。

② 可复用性。

良好的测试用例具有可重复使用的特点。测试过程是不可能进行穷举测试的，因此，设计良好的测试用例可以大大节省测试时间，提高测试效率，使得测试过程事半功倍。

③ 可组织性。

即使是很小的软件项目，也有可能有几千甚至更多的测试用例，而这些测试用例可能在历时数月甚至数年的测试过程中被创建和使用，正确的测试计划应该有效地组织这些测试用例，并提供给测试人员或其他项目参与人员进行参考和使用。

④ 可评估性。

从测试的项目管理角度来看，测试用例的通过率是考量软件代码质量的有效凭证。平常说的代码质量不高或代码质量很好，都是使用测试用例的通过率和软件缺陷的数目来作为量化标准的。

⑤ 可管理性。

测试用例也可作为检查测试人员工作进度、工作量以及跟踪管理测试人员工作效率的因素，尤其是比较适用于对新进测试人员进行检验和评价，从而做出更合理的测试安排。

因此，良好的测试用例会使测试成本降低，具有可重复使用特性，也成为了检查测试效果的重要考量。

测试用例不是每个人都可以编写的，它需要撰写者对产品设计、软件规格说明书、用户场景、程序模块结构都有比较透彻的理解。新进的测试人员一般在开始阶段都只能执行别人写好的测试用例，随着项目的进度和测试人员的成熟，测试人员可以自己动手编写测试用例，并提供给他人使用。

2．测试用例的书写标准

测试是不可能进行穷举的，因此试图用所有的测试用例来覆盖所有可能遇到的情况是不可能的。所以应在测试用例的编写和组织中尽量考虑有代表性的测试用例，来实现以点带面。

在编写测试用例过程中，需要参考和规范一些基本的测试用例书写标准，在ANSI/IEEE829-1983 中列出了和测试设计相关的测试用例编写规范和模板。标准模板中的主要元素包括如下。

➢ 标识符：每个测试用例都应该包括一个唯一的标识符，它将成为所有和测试用例相关的文档进行引用和参考的基本元素，这些文档包括测试规格说明书、测试日志、测试报告等。

➢ 测试项：测试用例应该准确地描述所要测试的项及其特征，而且应该比测试设计说明中所列出的特性描述更加具体。例如，做计算器应用程序的窗口测试，测试对象应该是整个程序界面，那么测试项就应该是应用程序界面的特性，如窗口缩放、菜单、窗口布局等。

➢ 测试环境要求：描述执行该测试用例所需的测试环境。一般而言，在整个测试模块中应该包括测试环境的整体要求，而在单个测试用例中所包含的测试环境是该测试用例所单独需要的特殊环境需求。

➢ 输入标准：即执行测试用例的输入需求。这个输入主要包括数据、文件或者操作（如单击鼠标、操作键盘等），必要时也可以包括数据库或文件的罗列。

➢ 输出标准：即测试执行中按照指定的测试环境和输入标准所应得到的期望输出结果。如果可能的话，尽量提供适当的系统规格来达到期望的结果。

➢ 测试用例之间的关联：用来说明该测试用例和其他用例之间的依赖关系。在实际的测试过程中，很多测试用例并不是单独存在的，它们之间可能存在某种依赖关系。例如，用例 2 需要在用例 1 测试正确的基础之上才能进行，此时需要在用例 2 中表明其对用例 1 的依赖关系，从而确保测试的严谨。

综上所述，一个测试用例的组成应该如表 5-1 所示。

表 5-1 测试用例的组成

元素名称	是否必选	注释
标识符	是	测试用例的唯一标准
测试项	是	测试的对象
测试环境要求	否	可能没有特殊要求
输入标准	是	
输出标准	是	
测试用例之间的关联	否	可能没有关联

下面我们以一个简单的 Windows 记事本应用程序进行测试，以测试"文件→退出"功能作为例子，来说明测试用例的书写，如表 5-2 所示。

表 5-2 测试用例实例

元素名称	描述
标识符	1001
测试项	记事本程序中"文件/退出"命令的功能测试
测试环境要求	Windows XP HOME版
输入标准	（1）打开记事本程序，不做任何输入，单击"文件→退出"菜单 （2）打开记事本程序，输入一些字符，不保存文件，单击"文件→退出"菜单 （3）打开记事本程序，输入一些字符，保存文件，单击"文件→退出"菜单 （4）打开一个已有的记事本文件，不做修改，单击"文件→退出"菜单 （5）打开一个已有的记事本文件，修改后不保存，单击"文件→退出"菜单
输出标准	（1）记事本未做修改的情况下，单击"文件→退出"菜单，能正确退出应用程序，无提示信息 （2）记事本做修改后未保存或另存，单击"文件→退出"菜单，会提示"是否保存文件"，单击"是"，显示"另存为"对话框；单击"否"，文件将不保存并退出应用程序；单击"取消"，将返回记事本窗口
测试用例之间的关联	无

通过这个例子我们了解了测试用例的基本组成，要组织一个良好的测试用例，除了这些基本要素之外，还需考虑其他一些因素，如典型代表性要求、用户实际使用场景等。

3．测试用例基本原则

在测试用例的设计中，除了基本的标准规范之外，还得遵循一定的原则，具体如下所述。

① 测试用例应当尽量避免含糊不清

含糊不清的测试用例会给测试过程带来麻烦，甚至影响测试结果。在测试过程中，测试用例的状态应该是唯一的。通常情况下，在测试执行过程中，测试用例有 3 种状态：通过、未通过、未进行测试。如果测试未通过，一般会有缺陷报告提交；如果未进行测试，需要说明原因。因此，清晰的测试用例不会使测试人员在测试过程中出现模棱两可的情况，如某个测试用例部分通过、部分未通过。

以最常见的用户登录测试为例，如果测试用例中有如下描述，则未能清楚地描述什么样是正常的工作状态，什么样是不正常的工作状态，这样含糊不清的测试用例必然会导致测试过程中问题的遗漏。

- 输入正确的用户名和密码，所有程序工作正常。
- 输入错误的用户名和密码，程序工作不正常，并弹出对话框。

② 具有相似功能的测试用例尽量抽象归类

一直强调测试是无法进行穷举的，因此对相类似的测试用例的抽象归类显得非常重要，一个好的测试用例应该能代表一组或一系列的测试过程。

③ 尽量避免冗长和复杂的测试用例

这样做的目的是为了保证验证结果的唯一性，这和第①条也是一致的。在一些很长很复杂的测试用例中，需要对测试用例进行合理的分解，从而保证测试用例的准确性。

在实际测试用例设计过程中，需要将这些原则和其他一些考量因素结合起来，遵循基本的测试用例编写规范，按照实际测试需求灵活地设计和组织测试用例。

4．测试用例的评判

作为测试人员，设计测试用例是工作的第 2 步（第 1 步是了解测试对象），这一步做得好与否，对后续工作起着决定作用，那么如何评价一个测试用例的好坏，或者说，设计成功与否呢？我们可以从以下的这些角度加以评判。

① 用例覆盖程度

毫无疑问，这一点应该是最重要的，无需多说，覆盖率最大化是一套测试用例的最重要评价标准，如果某些功能或某个需求被遗漏了，很显然这样一组用例称不上很好。

② 用例是否已经达到工作量最小化

在满足用例覆盖程度最大化的前提下，应该尽量减小执行用例所需的工作量。这些方面的方法有不少，如条件覆盖、分支覆盖、正交覆盖等。面对不同的测试对象，也有不同的方法来保证：对于网页背后的 PHP 逻辑，可以通过在网页上测试后，用一些工具来统计代码覆盖率；对于向外提供接口的服务，可以采用分析在外面暴露的接口来设计用例，通过接口参数来估计一下分支判断的情况。

③ 用例的分类和描述是否足够清晰

用例的分类，在这里是指相同类型的用例是否放在一起了。例如，接口类的用例、数据类用例、逻辑类用例，等等。将相同类型的用例放在一起，有助于理清思路，清楚了解用例设计是否完备。

用例的描述，是指描述的清晰程度是否能够形成文档。以参数取值范围为例，用例这样写：

"传入错误的值"或者"传入非 1~3 的值",明显没有写成"传入值 4"要清晰准确。

④ 用例是否表明了测试目标

写明测试用例的测试目标,对文档的易于理解性和工作交接的好处不言而喻。软件工程中不可能只有一个人在做事情,项目参与人员的变动也在所难免。在过程中留下足够的信息,可以为后续工作提高很多效率。

⑤ 测试用例是否易于维护

如果被测对象升级了,测试用例的说明或者脚本是不是容易维护呢?例如,在某些情况下,测试用例之间是相互依赖的(即需要一定的执行顺序),这样被依赖的用例修改后,后端就不需要同步进行修改。而如果用例之间没有相互依赖关系(如用例是自己造的数据,不是依赖于前端的产出),一旦有变化,就可能需要同时修改这两个用例。当然,这两种情况不能绝对地说哪种好哪种不好,是需要看实际使用时候的情况进行取舍的。不过,通过一些系统性的工具支持,就会出现一种做法绝对好于另外一种的情况,情况很多,做法也有很多。

依照以上所述的原则和标准进行测试用例设计,测试用例具有很好的可理解性和可维护性,可以提高测试执行的效率。并能保证不同的人员执行相同的用例能获得统一的结果。步骤的准确性和期望结果的可验证性,非常有助于测试执行的自动化实现。也只有实现了测试执行的自动化,测试执行的效率才是最高的,而且测试人员才有更多的时间去思考、去设计更优秀的测试用例,进入良性循环,相互促进,不断地提升测试的质量和效率。总之,我们需要明确测试工程师的工作原则:用最小的成本找出最多的问题。

5.2　软件测试结果统计

软件测试执行结束后,测试活动还没有结束。测试结果的统计分析是必不可少的重要环节,"编筐编篓,全在收口",测试结果的统计分析对下一轮测试工作的开展有很大的借鉴意义。前面的章节中我们曾建议测试人员查询阅读一下软件缺陷跟踪系统,查阅其他测试人员发现的软件缺陷。测试结束后,测试人员也应该分析自己发现的软件缺陷,对发现的缺陷分类汇总,从而发现自己提交的问题只有固定的几个类别;然后,再把一起完成测试执行工作的其他测试人员发现的问题也汇总起来,你会发现,你所提交问题的类别与他们的有差异。这很正常,在测试的过程中,每个测试人员都有自己思考问题的盲区和测试执行的盲区。有效的结果统计和自我分析及分析其他测试人员的结果,有助于了解自己的盲区,在下一轮测试避开这些盲区。

在对软件产品测试过程中对发现的问题进行充分的分析、归纳和总结的基础上,由全体参与测试的人员完成软件缺陷倾向的分析,对该软件或该类型系统软件产品在模块、功能及操作等方面的出错倾向及其主要原因进行分析。而这种分析将为以后的开发工作提供一个参考,使开发人员根据这种倾向分析明确在开发过程中应注意和回避的问题,也可以为测试人员以后的测试重点提供依据。

下面我们将举例说明需要对测试结果进行统计的方面,这种统计报表一般以图表的形式直观呈现,一般包含在缺陷跟踪管理系统里。

图 5-1 所示是软件的不同版本在测试时检测出的缺陷数目的对应关系。这里的版本是指在同一软件经过各轮测试并处理后所产生的软件产品。显然,如果像图 5-1 所示的测试结果的变化是非常理想的,该图表明经过数轮的测试及缺陷处理,软件缺陷数目已经非常少,接近可以对外发布交付的状态了。

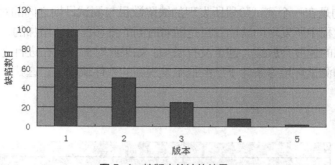

图 5-1 按版本统计的结果

图 5-2 反映出测试过程发现的软件缺陷与缺陷所属的软件工程的不同阶段之间的对应关系。通过该图表可以看到：第一，在软件工程的任何阶段都存在导致软件产生错误的因素，只是程度和数目上有差异而已；第二，从这个图表可以看到哪个阶段是软件缺陷产生的主要阶段，在以后的开发尤其是同类型软件的开发中应着重加以控制。

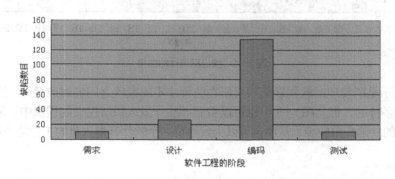

图 5-2 按软件工程阶段统计的结果

图 5-3 则表达的是在某个测试阶段所发现的软件缺陷按照严重程度的不同进行统计分布的情况，图表中缺陷严重程度按照 1~4 进行划分，各自所表达的不同含义由开发人员、测试人员和管理人员共同来制订。图 5-3 所示的图表可以清晰地反映开发过程中的薄弱环节。

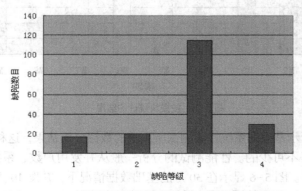

图5-3 按缺陷严重程度统计的结果

图 5-4 所示的是在一个测试阶段所发现的缺陷数目与测试日期之间的对应关系。在图中我们可以看到测试过程中所发现的缺陷数目是随着时间的推移而逐渐增加的，但经过一段时间之后，缺陷数目增加的速度会放缓，甚至没有增加。如果此时测试还在进行之中，那么就表明在现有的测试用例和测试环境等条件下已经很难发现新的软件缺陷了，这就意味着这一轮的测试可以考虑终止了。

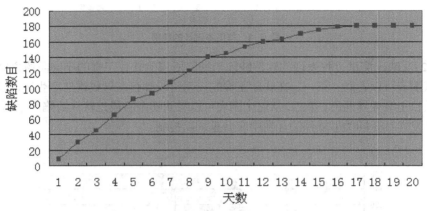

图 5-4　按日期统计的结果

图 5-5 所示是所发现的软件缺陷与其所在的程序不同模块之间的对应关系。虽然缺陷的产生原因是多种多样的，但从图 5-5 中也可以看到哪些开发人员所提交的模块中缺陷数目较多，哪些开发人员的缺陷数目较少，从中也可以大致评价一个软件开发人员的工作能力和工作质量。

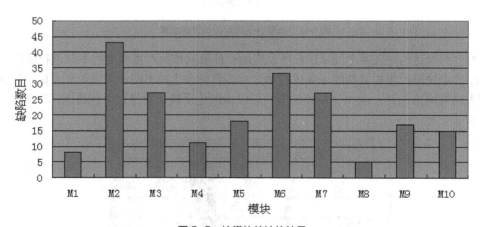

图 5-5　按模块统计的结果

图 5-6、图 5-7 所示是根据系统性能测试所反映的数据分析结果，这种图表所显示的统计结果在性能测试后是必不可少的。性能测试的分析一般从并发用户数、系统响应时间及 CPU 利用率等方面进行考量。图 5-6 显示在 30 万的基础数据情况下，并发 10 人的系统响应时间是 9s 多，尚可接受；但在 40 万的数据量下，系统响应时间飙升到 16s 多，这是不大能接受的速度。图 5-7 显示的是 CPU 占有率在并发状态下的变化情况。

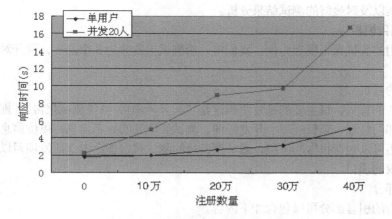

图 5-6　系统响应时间与用户数对应图

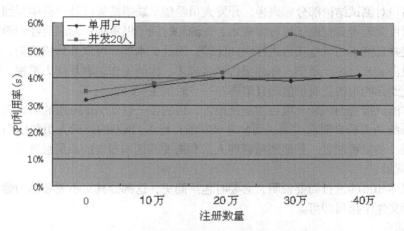

图 5-7　CPU 占有率与用户数对应图

5.3　测试总结报告

5.3.1　应知应会

测试报告是把测试的过程和结果写成文档，并对发现的问题和缺陷进行分析，为纠正软件的存在的质量问题提供依据，同时为软件验收和交付打下基础的文档。总体来说，编写测试总结报告主要有以下几个目的：

> ➤ 通过对测试结果的分析，得到对软件质量的评价；
> ➤ 分析测试过程、产品、资源和信息，为以后制订测试计划提供参考；
> ➤ 评估测试执行和测试计划是否相符；
> ➤ 分析系统存在的缺陷，为预防和修复缺陷提供建议。

总之，测试报告就是要将测试中的问题呈现给他人，它是测试人员主要的工作产品。那么在书写测试报告的时候，就要注意测试报告面对的不同读者人群，从而有所侧重。

测试报告是测试阶段最后的文档产出物，一个优秀的测试人员应该具备良好的文档编写能力，一份详细的测试报告包含足够的信息，包括产品质量和测试过程的评价，测试报告基于测试中的数据采集以及对最终的测试结果分析。

1．测试报告模板

下面以通用的测试报告模板为例，我们将一份测试报告分为 5 个部分，展开对测试报告编写的具体描述。

（1）报告的首页

在测试报告的首页，最主要的是要明确这是"×××项目/系统测试报告"，提供可索引的序列号，明确部门经理、项目经理、开发经理、测试经理等的姓名信息、单位信息以及时间等内容，必要时还可以包含报告的密级，通常高密级的测试报告适合内部研发项目以及涉及保密行业和技术版权的项目。

（2）引言部分

在测试报告的引言部分可以包含如下内容。

① 编写目的：本测试报告的具体编写目的，指明预期的读者范围。

通常，用户对测试结论部分感兴趣，开发人员希望从缺陷结果以及分析中得到产品开发质量的信息；项目管理者会对测试执行中成本、资源和时间予以重视；而高层经理希望能够阅读到简单的图表并且能够与其他项目进行同向比较。因此，本部分可以具体描述为：什么类型的人可参考本报告××页××章节。你的报告读者越多，你的工作越容易被人重视，前提是必须让阅读者感受到你的报告是有价值而且值得花一点时间去关注的。

实例：本测试报告为×××项目的测试报告，目的在于总结测试阶段的测试以及分析测试结果，描述系统是否符合需求（或达到×××功能目标）。预期的阅读人员包括用户、测试人员、开发人员、项目管理者、其他质量管理人员和需要阅读本报告的高层经理等。

② 项目背景。

对项目目标和目的进行简要说明，必要时包括简史，这部分其实不需要脑力劳动，直接从需求或者招标文件中拷贝即可。

③ 系统简介。

如果设计说明书有此部分，照抄即可，注意：框架图和网络拓扑图是很有必要的，能吸引阅读者的眼球。

④ 术语定义和缩写词。

列出设计本系统/项目的专用术语和缩写语约定。对于技术相关的名词和与多义词一定要注明清楚，以便阅读时不会产生歧义。

⑤ 参考资料。

诸如以下资料：

● 《XX 需求和设计说明书》；

● 《XX 后台管理系统测试计划》；

● 《XX 后台管理系统测试用例》；

● 《XX 国家标准》；

● 《XX 质量手册》。

（3）测试概要

测试的概要介绍，包括测试的一些声明、测试范围、测试目的等，主要是测试情况简介。

实例：××项目/系统测试从××年 7 月 2 日开始到××年 8 月 10 日结束，共持续 39 天，共发布 11 个测试版本，测试功能点 174 个，执行 2 385 个测试用例，平均每个功能点执行测试用例 13.7 个，测试共发现 427 个 Bug，其中严重级别的 Bug68 个，无效 Bug44 个，平均每个测试功能点 2.2 个 Bug。

① 测试进度回顾。

测试进度如表 5-3 所示。

表 5-3   测试进度表

版本	计划开始时间	实际开始时间	计划完成时间	时间完成时间	备注
B1	2012-7-2	2012-7-2	2012-7-5	2012-7-5	
B2	…	…	…	…	
B3	…	…	…	…	
B4	…	…	…	…	
……					

② 测试用例设计。

简要介绍测试用例的设计方法。例如，等价类划分、边界值、因果图等。如果能够具体对设计进行说明，在其他开发人员、测试经理阅读的时候就容易对你的用例设计有个整体的概念。需要指出的是，在这里写上一些非常规的设计方法也是有利的，至少在没有看到测试结论之前就可以了解到测试经理的设计技术，重点测试部分一定要保证有两种以上不同的用例设计方法。

③ 测试环境。

简要介绍测试环境及其配置。清单如下，如果系统/项目比较大，则用表格方式列出。

● 服务器配置：CPU、内存、硬盘、可用空间大小、操作系统、应用软件、机器网络名、局域网地址、应用服务器配置……

● 客户端配置：……

● 网络环境：……

对于网络设备和要求也可以使用相应的表格，对于三层架构的，可以根据网络拓扑图列出相关配置。

④ 测试方法和工具。

简要介绍测试中采用的方法和工具。

主要针对的是黑盒测试，测试方法可以写上测试的重点和采用的测试模式，这样可以一目了然地让阅读者知道是否遗漏了重要的测试点和关键块。测试工具为可选项，当使用到测试工具和相关工具时，要说明。注意要注明是自产还是厂商，版本号多少，在测试报告发布后要避免大多数工具的版权问题。

（4）测试结果和缺陷分析

这是整个测试报告中最重要的部分，也是最受关注的部分。这部分主要汇总各种数据并进行度量，度量包括对测试过程的度量和能力评估、对软件产品的质量度量和产品评估。对于不需要过程度量或者相对较小的项目，如用于验收时提交用户的测试报告、小型项目的测试报告，可省略过程方面的度量部分；而采用了 CMM/ISO 或者其他工程标准过程的，需要提供过程改进建议和参考的测试报告，过程度量需要列出，主要用于公司内部测试改进和缺陷预防机制。

① 测试执行情况与记录。

本部分描述测试资源消耗情况，记录实际数据，项目、测试经理比较关注本部分情况。本部分包括以下几项。

● 测试组架构图：测试经理、主要测试人员、参与测试人员等。

● 测试时间：列出测试的跨度和工作量，数据可供过程度量使用。对于大系统/项目来说最终要统计资源的总投入，必要时要增加成本一栏，以便管理者清楚地知道究竟花费了多少人力去完成测试。在数据汇总时可以统计个人的平均投入时间和总体时间、整体投入平均时间和总体时间，还可以算出每一个功能点所花费的时/人，以评估测试效率。

● 测试版本：给出测试的版本，如果是最终报告，可能要报告测试次数、回归测试次数。列出表格清单则便于知道该子系统/子模块的测试频度，对于多次回归的子系统/子模块将引起开发者关注。

② 测试结果汇总。

关于测试结果的总结，除了前面章节所提及的按版本统计、按缺陷来源统计、按缺陷严重程度统计、按日期统计、按模块统计、按系统响应时间汇总等方面进行总结，还可以采用柱状图、曲线图或饼图的方式加以直观呈现，得出项目或系统关于功能性、易用性、可靠性、兼容性、安全性等方面的测试结论。

③ 测试分析。

首先是覆盖率分析。一是需求覆盖率，是指经过测试的需求或功能和需求规格说明书中所有需求或功能的比值，通常情况下要达到 100%的目标，根据测试结果，按编号给出每一个测试需求是否通过的结论，汇总总数，然后除以预定的需求总数，即可得需求覆盖率；二是测试覆盖率，它是用测试执行的数目除以用例总数；对未执行测试的用例的主要原因可以加以简单说明和分析。

其次是缺陷的统计分析。缺陷分析主要涉及被测系统的质量，因此，这部分成为开发人员、质量人员重点关注的部分。一是缺陷汇总，按缺陷严重程度、缺陷类型、功能分布等方面进行汇总，以图表的形式呈现；二是缺陷分析，以缺陷综合分析（包括缺陷发现效率、缺陷密度等）、测试缺陷趋势分析、重要缺陷摘要等组成；三是残留缺陷和未解决问题说明，对推迟的缺陷和无法解决的问题的原因加以阐述，对其后续的影响加以评价，并指明预防和改进措施。

最后是典型缺陷引入分析。测试过程中发现的缺陷主要有以下几个原因：需求定义不明确、功能性错误、页面设计和需求不一致、多语言问题、界面易用性缺陷、开发人员疏忽等，从这些方面加以分析，从而在后续的其他项目中尽量加以改进。

（5）结束语

报告到了这个部分就是一个总结了，对上述过程、缺陷进行分析之后该下个结论和建议，此部分被项目经理、部门经理以及高层经理所关注，需要清晰扼要地下定论，包括两方面。

其一是测试结论。对测试执行是否充分、测试风险控制是否有效、测试目标是否完成、是否可以进入下一阶段目标等方面得出结论。

其二是建议。主要包括：1. 对系统存在问题的说明，描述测试所发现的软件缺陷和不足，以及可能给软件实施和运行带来的影响；2. 可能存在的潜在缺陷和后续工作方面的建议；3. 对缺陷修改和产品设计的建议；4. 对过程改进方面的建议等。

总之，测试报告的形式实际上是大同小异的，对报告的不同小节也可以根据需要进行合并。所谓不同类型的测试报告，实际上是面向读者群的不同。

面向开发人员的测试报告，通常是放到测试跟踪管理系统中流转到开发人员，这时要注意以下几点。

● 客观描述现象，列出具体测试用例；

● 可以提供一些分析和建议，但不要做出评价；

- 对测试中没有再现的现象，也要做出说明，以期引起注意。

面向生产例会提交的测试报告，通常由测试经理带到会上，这时要考虑以下几点：

- 有综述性地统计信息，反映全貌；
- 要重点突出，以便软件测试经理能在较短的时间里向会议表达重点事项；
- 要有分析，并提醒相关问题（如需求分析方面），使报告更有价值。

面向管理层的测试报告，一般是综述性报告，用于判断项目或系统的质量情况，做出相关决策。这时的报告要考虑：

- 要有分析模型（公司要有自己的模型），有判断和结论；
- 与历史数据有比较，评估风险；
- 是一定范围的集体意见的反映，也反映其他项目相关人的意见。

通常而言，公司对各类测试报告都有模板和写作要求，并通过这些模板和要求培养一致的风格，有利于对报告的理解。

来看一个对话：

"为何这么明显的问题没有报告出来？"

"我以为别人已报告了这个问题。"

因此，不要假设任何明显的程序问题已经写入报告。如果大家都有这种假设，则很容易会有遗漏。

2．测试验收和评估

验收测试是系统开发生命周期方法论的一个阶段，这时即将接收软件的用户或独立的测试人员根据测试计划和结果将对系统进行测试和接收，系统用户决定是否接收系统。验收测试是一项确定产品是否能够满足合同或用户所规定需求的测试，是一个具有管理性和防御性控制的必要阶段。

（1）验收测试的目的和任务

验收测试是部署软件之前的最后一个测试操作，是在软件产品完成了功能测试和系统测试之后、产品发布之前所进行的软件测试活动，它是技术测试的最后一个阶段，也称为交付测试。验收测试的目的是确保软件准备就绪，并且可以让最终用户将其用于执行软件的既定功能和任务。

验收测试是向未来的用户表明系统能够像预定要求那样工作。经集成测试后，已经按照设计把所有的模块组装成一个完整的软件系统，接口错误也已经基本排除了，接着就应该进一步验证软件的有效性，这就是验收测试的任务，即软件的功能和性能如同用户所合理期待的那样。

（2）验收测试之前的确认

在验收测试之前，系统用户或独立测试第三方必须确认验收测试可以开始进行。这个过程我们可以称之为软件配置审核。

软件承包方通常要提供如下相关的软件配置内容。

- 可执行程序、源程序、配置脚本、测试程序或脚本。
- 主要的开发类文档：《需求分析说明书》、《概要设计说明书》、《详细设计说明书》、《数据库设计说明书》、《测试计划》、《测试报告》、《程序维护手册》、《程序员开发手册》、《用户操作手册》、《项目总结报告》。
- 主要的管理类文档：《项目计划书》、《质量控制计划》、《配置管理计划》、《用户培训计划》、《质量总结报告》、《评审报告》、《会议记录》、《开发进度月报》。

在开发类文档中，容易被忽视的文档有《程序维护手册》和《程序员开发手册》。

大小不同的项目，都必须具备上述的文档内容，只是可以根据实际情况进行重新组织。对上述的提交物，最好在合同中规定阶段提交，以免发生纠纷。

本阶段的审核要达到的基本目标是：根据共同制订的审核表，尽可能地发现被审核内容中存在的问题，并最终得到解决。在根据相应的审核表进行文档审核和源代码审核时，还要注意文档与源代码的一致性。

在实际的验收测试执行过程中，常常会发现文档审核是最难的工作，一方面由于市场需求等方面的压力使这项工作常常被弱化或推迟，造成持续时间变长，加大了文档审核的难度；另一方面，文档审核中不易把握的地方非常多，每个项目都有一些特别的地方，而且也很难找到可用的参考资料。

（3）验收测试的基本策略

实施验收测试的常用策略有3种，它们分别是：

➢　正式验收；

➢　非正式验收或 Alpha 测试；

➢　Beta 测试。

通常需要在合同需求、组织和公司标准以及应用领域的基础上选择合适的策略。

① 正式验收测试。

正式验收测试是一项管理严格的过程，它通常是系统测试的延续。计划和设计这些测试的周密和详细程度不亚于系统测试。选择的测试用例应该是系统测试中所执行测试用例的子集，不要偏离所选择的测试用例方向，这一点很重要。在很多组织中，正式验收测试是完全自动执行的。

对于系统测试，活动和工件是一样的。在某些组织中，开发组织（或其独立的测试小组）与最终用户组织的代表一起执行验收测试。在其他组织中，验收测试则完全由最终用户组织执行，或者由最终用户组织选择人员组成一个客观公正的小组来执行。

② 非正式验收或 Alpha 测试。

在非正式验收测试中，执行测试过程的限定不像正式验收测试中那样严格。在此测试中，确定并记录要研究的功能和业务任务，但没有可以遵循的特定测试用例。测试内容由各测试员决定。这种验收测试方法不像正式验收测试那样组织有序，而且更为主观。

大多数情况下，非正式验收测试是由最终用户组织执行的。

③ Beta 测试。

在 3 种验收测试策略中，Beta 测试需要的控制是最少的。在 Beta 测试中，采用的细节多少、数据和方法完全由各测试员决定。各测试员负责创建自己的环境、选择数据，并决定要研究的功能、特性或任务。各测试员负责确定自己对于系统当前状态的接受标准。

Beta 测试由最终用户实施，通常开发（或其他非最终用户）组织对其的管理很少或不进行管理。Beta 测试是所有验收测试策略中最主观的。

（4）验收测试的基本过程

用户验收测试是软件开发结束后，用户对软件产品投入实际应用以前进行的最后一次质量检验活动。它要回答开发的软件产品是否符合预期的各项要求，以及用户能否接受的问题。由于它不只是检验软件某个方面的质量，而是要进行全面的质量检验，并且要决定软件是否合格，因此验收测试是一项严格的正式测试活动。

实现软件确认需要根据事先制订的计划，进行软件配置评审、功能测试、性能测试等多方面检测，通过一系列黑盒测试来完成。测试计划应规定测试的种类和测试进度，测试过程则定义一些特殊的测试用例，旨在说明软件与需求是否一致。与之前的测试相比，无论是计划还是过程，都应该着重考虑软件是否满足合同规定的所有功能和性能，文档资料是否完整、准确，人机界面和其他方面（如：可移植性、兼容性、错误恢复能力和可维护性等）是否令用户满意。

验收测试的结果有两种可能，一种是功能和性能指标满足软件需求说明的要求，用户可以接受；另一种是软件不满足软件需求说明的要求，用户无法接受。项目进行到这个阶段才发现严重错误和偏差一般很难在预定的工期内改正，因此必须与用户协商，寻求一个妥善解决问题的方法。

要注意的是，在开发方将软件提交用户方进行验收测试之前，必须保证开发方本身已经对软件的各方面进行了足够的正式测试（当然，这里的"足够"，本身是很难准确定量的）。

用户在按照合同接收并清点开发方的提交物时（包括以前已经提交的），要查看开发方提供的各种审核报告和测试报告内容是否齐全，再加上平时对开发方工作情况的了解，基本可以初步判断开发方是否已经进行了足够的正式测试。

用户验收测试的每一个相对独立的部分，都应该有目标（本步骤的目的）、启动标准（着手本步骤必须满足的条件）、活动（构成本步骤的具体活动）、完成标准（完成本步骤要满足的条件）和度量（应该收集的产品与过程数据）。在实际验收测试过程中，再收集度量数据，不是一件容易的事情。

（5）测试的评估

在验收测试之后，未正式投入商业化使用的软件进行预先的小规模试验，又称小试，主要是由代码审查和合理性分析组成。还需要经过以下这些测试方面的评估，达到要求之后软件方可正式投入使用。

① 安装测试。

安装测试第 1 个目的是验证软件在最基本要求的配置情况下安装后能否正常运行？第 2 个目的是检验软件在非正常条件下安装（非正常条件包括磁盘空间不足、内存不够、缺乏创建目录的特权等）时，安装程序能否给用户足够的提示。

② 功能测试。

功能测试主要按照软件需求规格说明书规定的功能需求，逐项检验软件功能是否正确，有无严重错误。测试时，一般事先准备好测试用例，检验是否得到期望的输出。测试用例至少要包含以下情况：合法数据、边界数据和非法数据。

③ 性能测试。

性能测试主要检查系统是否满足需求规格说明书中规定的性能要求，一般主要测试软件的运行速度和对资源的利用率。性能主要表现在几个方面：响应时间、吞吐量、辅助存储区（如缓冲区、工作区）的大小、处理精度等。

性能测试中很重要的一项是极限测试，因为很多软件系统会在极限状态下崩溃。如连续不停地向服务器发出请求，测试服务器是否会陷入死锁状态；给系统输入特别大的数据后，检测程序的信息化应用研究运行状况等。

④ 界面测试。

界面测试主要检查软件界面所关联的对象是否正确，运行是否正常、界面之间的链接是否合理、是否符合相关标准和习惯、是否美观友好等。

⑤ 加载测试。

加载测试主要要检查软件在超正常数据量情况下，软件系统的反映。例如，在 B/S 体系结构中，对 Web 服务器和数据库服务器的加载测试,通常是利用测试工具软件产生虚拟用户负载，逐步增加虚拟用户数量，并使每个虚拟用户运行相同脚本或不同脚本，以考察软件系统的运行状况。

⑥ 配置测试。

配置测试是要验证在不同的硬件和软件配置下软件的运行状况，特别是对最大和最小配置要进行测试。

⑦ 恢复测试。

恢复测试通常采用人工干预的手段，模拟硬件故障或故意造成软件出错，考察软件系统的反映，检验系统能否正常继续工作，并不对系统无故障部分造成任何损害。

最后是安全性测试，这对于接入互联网的系统尤为重要，一般需要着重检测用户登录的安全性，系统认证加密机制的有效性，网络安全保密性能，入侵健康和数据备份等方面也需要重点关注。

经过以上过程，用户理论上已经可以接收交付的软件了。但最后还得提到一个问题：软件的质量能完全看得到么？例如两款手机，一个是山寨机，一个是三星或者其他高端品牌，同样是安卓系统，同样的配置甚至装上同样的 Apps，那么它们功能可以说是完全一样的。它们的质量差又在哪里呢？再例如，一个纯软件的案例，同样的两款软件，如都是微博或者浏览器，当它们外在的功能几乎完全一样的时候，你如何衡量他们质量区别在哪里？

这就是"隐形质量"，可以这样来理解，面对同样的需求使用同样的技术，一个二流团队来开发，另一个由精英团队来开发，经过基本的功能验收发布之后，可能从功能上来看，二者没有太多的区别。但是毋庸置疑，二者的质量是不对等的。那么在表面功能都一致的情况下，所谓二者的质量之差，就可以理解成"隐形质量"了。

因此，在验收测试过程中引入第三方软件验收测试机构，可以很好地对"隐形质量"进行评价，如系统的稳定性、性能、兼容性；还包括代码的质量、架构的合理性、消息传输效率、数据存储搜寻命中的效率、软件持续运行的各项健康指标数据模型，甚至包括了对 UI 的人机交互等许多概念进行测试，可以从根本上辨别优劣。

5.3.2 网上商城购物系统的测试总结

1．工作任务描述

理解测试总结报告的编写规范，掌握测试总结报告的内容、格式和规则，能够初步设计测试总结报告。

2．工作过程

具体工作过程见附件 1。

附件 1　　　　　　　　　　　　网上购物系统测试总结报告

文档标识			当前版本		
当前标识	草稿		发布日期		
	发布				
修改历史					
日期	版本	作者	修改内容	评审号	变更控制号

目　录

一、测试概述

1．编写目的

对于网上购物系统项目中所有的软件测试活动中，包括测试进度、资源、问题、风险以及测试组和其他组间的协调等进行评估，总结测试活动的成功经验与不足，以便今后更好地开展测试工作。

本系统测试总结报告的预期读者是：

项目组所有人员；

项目经理；

测试组人员；

SQA 人员；

SCM 人员。

2．测试范围

网上购物系统项目因自身的特殊性，测试组仅依据用户需求说明书和软件需求规格说明书以及相应的设计文档进行系统测试，包括功能测试、性能测试、用户访问与安全控制测试、用户界面测试以及兼容性测试等，而单元测试和集成测试则由开发人员来执行。主要功能包括：

① 订单管理；

② 用户管理；

③ 购物管理；

④ 库存管理；

⑤ 商品管理。

3．参考资料

资料名称	版本	作者	是否经过评审	备注
网上购物系统测试用例	1.0		已评审	
网上购物系统需求说明书	1.0		已评审	
网上购物系统测试计划	2.0		已评审	
网上购物系统测试进度表	2.0		已评审	

二、测试计划执行情况

1．测试类型

测试类型	测试内容	测试目的	所用的测试工具和方法
功能测试	用户前台：用户登录、注册基本信息、浏览商品、查询商品、购物车管理、订单管理 管理后台：管理员登录系统、商品管理模块、订单管理模块、用户管理模块	核实所有的功能均已正常实现，即可按每个用户的需求购买商品 1．业务流程检验：各个业务流程符合常规逻辑，用户使用时不会产生疑问 2．数据精确：各数据类型的输入输出时统计精确	采用黑盒测试，使用边界值测试、等价类测试、数据驱动等测试方法，进行手工测试
用户界面(UI)测试	1．导航、链接、Cookie，页面结构包括菜单、背景、颜色、字体、按钮名称、TITLE、提示信息的一致性等 2．友好性、易用性、合理性、一致性、正确性等	核实各个窗口风格都与基准版本保持一致，或符合可接受标准，能够保证用户界面的友好性、易操作性，而且符合用户操作习惯	Web测试通过方法：手工测试
安全性和访问控制测试	1．密码：登录、个人用户、管理员用户 2．权限限制 3．通过修改URL非法访问 4．登录超时限制等	1．应用程序级别的安全性：核实用户只能操作其所拥有权限能操作的功能 2．系统级别的安全性：核实只有具备系统访问权限的用户才能访问系统	黑盒测试、手工测试

测试类型	测试内容	测试目的	所用的测试工具和方法
兼容性测试	1. 在用不同版本的浏览器：MyIE、Tecenet、IE6.0，分辨率：800×600、1024×768,操作系统：Window 2000、Window 7 2. 不同操作系统、浏览器、分辨率和各种运行条件的组合测试	核实系统在不同的软件和硬件配置中运行稳定	黑盒测试、手工测试
性能测试	1. 最大并发数 2. 查询商品信息、加入购物车时，注册新用户时以及登录时系统的响应时间	核实系统在大流量的数据与多用户操作时软件性能的稳定性，不造成系统崩溃或相关的异常现象	loadRunner8.0 自动化测试

2. 进度偏差

测试活动	计划起止日期	实际起止日期	进度偏差	备注
制订测试计划				待 SDP 评审完毕
测试计划评审				等待和 SCMP、SQAP 同时评审
分解测试需求				
测试需求 Review				
选定测试范围				
编写测试方案				
测试方案评审				
设计测试用例				根据需求变更修改用例
测试用例评审				
测试执行				测试移交
测试总结				

3. 测试环境与配置

资源名称/类型	配 置
测试 PC（4 台）	Web 服务器及数据库服务器均采用 AMD Atholon （1G Hz）PC 工作站，内存 1 024M、硬盘 120G
数据库管理系统	数据库 MySQL：MySQL Server 5.0
应用软件	Tomcat 5.5、eclipse
客户端前端展示	IE8.0

4. 测试机构与人员

测试阶段	测试机构名称	负责人	参与人员	所充当角色
模块测试	测试组、开发组	张三	李四	测试人员
系统测试	测试组	张三	李四	测试人员

5. 测试问题总结

在整个系统测试执行期间，项目组开发人员高效地及时解决测试组人员提出的各种缺陷，在一定程度上较好地保证了测试执行的效率以及测试最终期限。但是在整个软件测试活动中还是暴露了一些问题，表现在以下几方面：

① 测试执行时间相对较少，测试通过标准要求较低；

② 开发人员相关培训未做到位，编码风格各异，细节性错误较多，返工现象存在较多；

③ 测试执行人员对管理平台不够熟悉，使用时效率偏低；

④ 测试执行人员对系统了解不透彻，测试执行时存在理解偏差，导致提交无效缺陷。

三、测试总结

1. 测试用例执行结果

功能模块	用例编号	用例名称	用例状态	测试结果
订单管理	TEST CASE 001	未处理的订单	已执行	测试通过
	TEST CASE 002	送货中的订单	已执行	测试通过
	TEST CASE 003	已结算的订单	已执行	测试通过
	TEST CASE 004	已取消的订单	已执行	测试通过
购物管理	TEST CASE 001	商品名	已执行	测试通过
	TEST CASE 002	关键字	已执行	测试通过

功能模块	用例编号	用例名称	用例状态	测试结果
	TEST CASE 003	购买商品	已执行	测试通过
	TEST CASE 004	查看商品	已执行	测试通过
	TEST CASE 005	收藏夹	已执行	测试通过
	TEST CASE 006	收货信息	已执行	测试通过
库存管理	TEST CASE 001	库存配置管理	已执行	测试通过
	TEST CASE 002	库存预警商品	已执行	测试通过
	TEST CASE 003	所有库存商品	已执行	测试通过
商品管理	TEST CASE 001	一级分类管理	已执行	测试通过
	TEST CASE 002	二级分类管理	已执行	测试通过
	TEST CASE 003	商品信息管理	已执行	测试通过
	TEST CASE 004	回车验证	已执行	测试通过
	TEST CASE 005	必填项是否允许为空	已执行	测试通过
	TEST CASE 006	翻页	已执行	测试通过
用户管理	TEST CASE 001	必填项是否为空	已执行	测试通过
	TEST CASE 002	输入字符的数等于允许的最大字符数	已执行	测试通过
	TEST CASE 003	Tab 校验	已执行	测试通过
	TEST CASE 004	特殊字符的校验	已执行	测试通过
	TEST CASE 005	清空按钮校验	已执行	测试通过
	TEST CASE 006	修改密码	已执行	测试通过
	TEST CASE 007	忘记密码	已执行	测试通过

2. 测试问题解决

下表中描述测试中发现的、没有满足需求或其他方面要求的部分。

测试用例标示符	错误或问题描述	错误或问题状态
TEST CASE 001	购买商品界面的修改数量按钮的功能不能使用，失去了作用	已解决
TEST CASE 002	收藏夹按钮的功能没有起到作用	已解决
TEST CASE 003	库存预警商品界面的按钮不能实现具体的功能，失效	已解决
TEST CASE 004	库存配置管理界面的清空按钮没有作用,没有起到什么作用	已解决

测试用例标示符	错误或问题描述	错误或问题状态
TEST CASE 005	商品信息管理的清空按钮功能没有起到作用	已解决
TEST CASE 006	二级分类管理界面的清空按钮失去了作用	已解决
TEST CASE 007	一级分类管理界面的清空按钮失去了作用	已解决
TEST CASE 008	清空功能基本实现，对用户的清空不起作用，其他都可以起到清空作用	已解决

3. 测试结果分析

（1）覆盖分析

① 测试覆盖分析

测试覆盖率 = 18/26×100% = 70.0%。

需求/功能	用例个数	执行总数	未执行	未/漏测分析和原因
系统功能	26	26	0	产生失败数为 8，最后均以合理的处理方式解决
系统安全分析	1	1	0	
系统性能	4	2	0	
用户界面	0	0	0	
运行环境	0	0	0	

② 需求覆盖分析

对应约定的测试文档（《网上购物系统测试方案》），本次测试对系统需求的覆盖情况为

需求覆盖率 = Y（P）项/需求项总数 ×100% = 83.33%

需求项	测试类型	是否通过[Y][P][N][N/A]	备注
系统功能	系统测试	[Y]	
系统安全分析	系统测试	[P]	
系统性能	系统测试	[P]	
用户界面	系统测试	[N/A]	

（2）缺陷分析

本次测试中发现 Bug 有 8 个，按缺陷在各功能点的分布情况如下表所示。

需求 ＼ 严重级别	A-严重影响系统运行的错误	B-功能方面的一般缺陷，影响系统运行	C-不影响运行但必须修改	D-合理化建议	<total>
用户个人注册			1		1
登录系统					
修改商品信息	2				2

需求 \ 严重级别	A–严重影响系统运行的错误	B–功能方面的一般缺陷，影响系统运行	C–不影响运行但必须修改	D–合理化建议	\<total\>
删除商品分类					
管理员登录	2				2
删除公告					
浏览商品信息	2				2
发表留言			1		1
\<total\>	6		2		8

　　由统计来看，缺陷大部分集中在注册新用户以及登录管理员后台系统部分，其余分布较为分散。

　　四、综合评价

　　1．软件能力

　　经过项目组开发人员、测试组人员以及相关人员的协力合作，网上购物系统项目如期完成并达到交付标准。该系统能够实现网上购物系统在用户需求说明书中所约定的功能，即能够基本满足用户在前台进行用户个人注册、登录、购买商品、发表留言以及搜索和浏览其他的商品信息，需求方可在网上购物系统后台根据用户的信息审核注册用户，管理订单和用户的模板以及发布公告等功能。

　　2．缺陷和限制

　　该系统除基本满足功能需求外，在性能方面还存在不足，有继续优化的空间。另外，部分功能在设计上仍存在不足之处。

　　3．建议

　　需求提出方可以在使用该系统的基础上，继续搜集用户的使用需求反馈，并结合市场同类产品的优势，在今后的版本中不断补充并完善功能。

　　建议当项目组成员确定后，在项目组内部对一些事项进行约定。如开发/测试的通用规范等，将会在一定程度上提高开发和测试的效率。

5.3.3 拓展任务

　　请参考"网上购物系统"的测试总结报告，为"超市管理系统"编写测试总结报告。

本章小结

　　本章首先着重分析测试用例，描述测试用例的特点、书写标准、基本原则及评判标准。其次，讨论对测试结果的统计分析，分别从软件版本角度、软件缺陷的产生时间、严重程度、测试日期等角度进行统计，以便于对软件缺陷进行全面的分析了解。最后，结合实例详细描述测试报告如何书写，具体应该包括哪些方面的内容，各方面的内容该如何书写，以及对软件测试的最后阶段——测试验收和评估该如何进行表述

思考与练习

一、选择题

1. 下列关于软件验收测试的合格通过准则错误的是：_____。
A. 软件需求分析说明书中定义的所有功能已全部实现，性能指标全部达到要求。
B. 所有测试项没有残余一级、二级和三级错误。
C. 立项审批表、需求分析文档、设计文档和编码实现不一致。
D. 验收测试工件齐全。

2. 下列关于 alpha、beta 测试的描述中正确的是：_____。
A. alpha 测试需要用户代表参加。
B. beta 测试不是验收测试的一种。
C. alpha 测试不需要用户代表参加。
D. beta 测试是系统测试的一种。

二、简答题

1. 你认为做好测试用例设计工作的关键是什么？
2. 当开发人员说不是 BUG 时，你如何应付？

答案

一、选择题

1. C   2. A

二、简答题

1. 白盒测试用例设计的关键是以较少的用例覆盖尽可能多的内部程序逻辑结果；
黑盒法用例设计的关键同样也是以较少的用例覆盖模块输出和输入接口。
不可能做到完全测试，以最少的用例在合理的时间内发现最多的问题。

2. 开发人员说不是 bug，有 2 种情况，一是需求没有确定，所以我可以这么做，这个时候可以找来产品经理进行确认，需不需要改动，3 方商量确定好后再看要不要改。二是这种情况不可能发生，所以不需要修改，这个时候，我可以先尽可能的说出是 BUG 的依据是什么？如果被用户发现或出了问题，会有什么不良结果？程序员可能会给你很多理由，你可以对他的解释进行反驳。如果还是不行，那我可以给这个问题提出来,跟开发经理和测试经理进行确认,如果要修改就改,如果不要修改就不改。其实有些真的不是 bug，我也只是建议的方式写进 TD 中，如果开发人员不修改也没有大问题。如果确定是 bug 的话，一定要坚持自己的立场，让问题得到最后的确认。

教学提示： 随着人们对软件测试工作的重视，如何提升测试工作的效率，减少测试过程中存在的反复、枯燥，为测试工作增加乐趣与含金量逐渐成为焦点。由此，大量的软件测试自动化工具不断涌现。自动化测试能够满足软件公司想在最短的进度内充分测试其软件的需求，会给整个开发工作的质量、成本和周期带来非常明显的提升效果。本章将对软件测试自动化的基本概念、优势进行介绍，并对自动化测试工具 HP LoadRunner 进行实战讲解。

教学目标： 通过本章的学习，读者将掌握软件自动化测试的概念，通过对自动化测试工具 LoadRunner 的详细介绍，使读者更加清楚自动化测试的优势及如何选取并使用自动化测试工具。

6.1 软件测试自动化基础

通常，软件测试的工作量很大，据统计，测试会占用到 40%的开发时间，一些可靠性要求非常高的软件，测试时间甚至占到整个软件生命周期的 60%。而软件测试中的许多操作是重复性的、非智力性的和非创造性的，且枯燥、乏味，但却要求准确细致，这些任务最适合于用计算机来代替人工完成。软件自动化测试是相对手工测试而存在，为完成上述工作应运而生的，主要通过所开发的软件测试工具、脚本等来实现，具有良好的可操作性、可重复性和高效率等特点。

6.1.1 自动化测试的定义与引入

自动化测试是把以人为驱动的测试行为转化为机器执行的一种过程。通常，在设计了测试用例并通过评审之后，由测试人员根据测试用例中描述的规程一步步执行测试，得到实际结果与期望结果的比较。在此过程中，为了节省人力、时间或硬件资源，提高测试效率，便引入了自动化测试的概念。

利用软件自动测试工具能够替代全部或部分手工测试。自动化测试是软件测试的一个重要组成部分，它能完成许多手工测试无法实现或难以实现的测试，如并发用户测试、大数据量测试、长时间运行的可靠性测试等。正确、合理地实施自动测试，能够快速、全面地对软件进行测试，从而提高软件质量，节省经费，缩短软件发布周期。

自动化测试就是希望能够通过自动化测试工具或其他手段，按照测试工程师的预定计划进行自动测试，目的是减轻手工测试的劳动量，从而达到提高软件质量的目的。

测试自动化涉及测试流程、测试体系、自动化编译、持续集成、自动发布测试系统以及自动化测试等方面的整合。软件测试自动化在前期需要一定的资金与资源的支持，因此需要管理团队的支持与帮助。另外，软件测试自动化需要专门的测试团队去建立适合自动化测试的测试流程、测试体系，以及自动化编译、集成、发布可运行系统、进行自动化的单元测试和自动化的功能测试的过程，如采集测试需求、选择测试工具、建立测试脚本等。

1．适用条件

实施自动化测试之前需要对软件开发过程进行分析，以观察其是否适合使用自动化测试。通常需要同时满足以下条件。

（1）软件需求变动不频繁

测试脚本的稳定性决定了自动化测试的维护成本。如果软件需求变动过于频繁，测试人员需要根据变动的需求来更新测试用例以及相关的测试脚本，而脚本的维护本身就是一个代码开发的过程，需要修改、调试，必要的时候还要修改自动化测试的框架，如果所花费的成本不低于利用其节省的测试成本，那么自动化测试便是失败的。

项目中的某些模块相对稳定，而某些模块需求变动性很大。我们便可对相对稳定的模块进行自动化测试，而变动较大的仍使用手工测试。

（2）项目周期足够长

自动化测试需求的确定、自动化测试框架的设计、测试脚本的编写与调试均需要相当长的时间来完成，这样的过程本身就是一个测试软件的开发过程，需要较长的时间来完成。如果项目的周期比较短，没有足够的时间去支持这样一个过程，那么自动化测试便成为笑谈。

（3）自动化测试脚本可重复使用

如果费尽心思开发了一套近乎完美的自动化测试脚本，但是脚本的重复使用率很低，致使其间所耗费的成本大于所创造的经济价值，那么自动化测试便成为了测试人员的练手之作，而并非是真正可产生效益的测试手段了。

另外，在手工测试无法完成，需要投入大量时间与人力时也需要考虑引入自动化测试。如性能测试、配置测试、大数据量输入测试等。

2．适用场合

下面列出通常适合于软件测试自动化的场合。

（1）回归测试

自动化测试的强项是能够很好地确保你是否引入了新的缺陷，老的缺陷是否修改过来了。在某种程度上可以把自动化测试工具叫做回归测试工具。

（2）产品型项目

每个项目只改进少量的功能，但每个项目必须反反复复地测试那些没有改动过的功能——这部分测试完全可以让自动化测试来承担，同时可以把新加入的功能的测试也慢慢地加入自动化测试当中。

（3）增量式开发、持续集成项目

由于这种开发模式是频繁地发布新版本进行测试，也就需要自动化测试来频繁地对其测试，以便把人从中解脱出来测试新的功能。

（4）能够自动编译、自动发布的系统

要能够完全实现自动化测试，必须能够具有自动化编译、自动化发布系统进行测试的功能。当然，不能达到这个要求也可以在手工干预下进行自动化测试。

（5）多次重复、机械性动作

自动化测试最喜欢测试多次重复、机械性动作，这样的测试对它来说从不会失败。如要向系统输入大量的相似数据来测试压力和报表。

（6）需要频繁运行测试

在一个项目中需要频繁地运行测试，测试周期按天算，就能最大限度地利用测试脚本，提高工作效率，将烦琐的任务转化为自动化测试。

6.1.2　自动化测试工具的作用及优势

目前，软件测试自动化的研究领域主要集中在软件测试流程的自动化管理以及动态测试的自动化（如单元测试、功能测试以及性能测试方面）。在这两个领域，与手工测试相比，测试自动化的优势是明显的。使用测试工具的目的就是要提高软件测试的效率和软件测试的质量。

通常，实施软件自动化测试的优势有以下几点。

（1）产生可靠的系统

测试工作的主要目标之一是找出缺陷，从而减少应用中的错误；另一个是确保系统的性能满足用户的期望。为了有效地支持这些目标，在开发生存周期的需求定义阶段，当开发和细化需求时则应着手测试工作。使用自动化测试可改进所有的测试领域，包括测试程序开发、测试执行、测试结果分析、故障状况和报告生成。它还支持所有的测试阶段，其中包括单元测试、集成测试、系统测试、验收测试与回归测试等。通过使用自动化测试可获得的效果可归纳如下。

- 需求定义的改进。
- 性能测试的改进。
- 负载/压力测试的改进。
- 高质量测量与测试最佳化。
- 改进与开发组人员之间的关系。
- 改进系统开发生存周期。

（2）改进测试工作质量

通过使用自动化测试工具，可增加测试的深度与广度，改进测试工作质量。其具体好处可归纳如下。

① 改进多平台兼容性测试。

② 改进软件兼容性测试。

③ 改进普通测试执行。

④ 使测试集中于高级测试问题。

⑤ 执行手工测试困难或无法完成的测试。

例如，对于大量用户的测试、压力测试、并发测试、大数据量测试、崩溃性测试，不可能同时让足够多的测试人员同时进行，但是却可以通过自动化测试模拟同时有许多用户，从而达到测试的目的。

⑥ 重现软件缺陷的能力。

⑦ 测试无需用户干预。

将烦琐的任务自动化，可以提高准确性和测试人员的积极性，将测试技术人员解脱出来以投入更多精力设计更好的测试用例。有些测试不适合于自动测试，仅适合于手工测试，将可自动测试的测试自动化后，可以让测试人员专注于手工测试部分，提高手工测试的效率。理想的自动化测试能够按计划完全自动地运行，在开发人员和测试人员不可能实行三班倒的情况下，自动化测试可以胜任这个任务，而且完全可以在周末和晚上执行测试。这样即充分地利用了公司的资源，也避免了开发和测试之间的等待。

⑧ 减测试过程中存在的反复、枯燥。

例如，我们的产品向市场的发布周期是 3 个月，而在测试期间是每天/每 2 天都要发布一个版本供测试人员测试，一个系统的功能点有几千个上万个，人工测试非常耗时和烦琐，这样必然会使测试效率低下。

（3）减少测试工作量并加快测试进度

善于使用测试工具来进行测试，其节省时间并加快测试工作进度的优势是毋庸置疑的，这也是自动化测试的主要优点。

（4）对程序的回归测试更方便

这可能是自动化测试最主要的任务，特别是在程序修改比较频繁时，效果是非常明显的。由于回归测试的动作和用例是完全设计好的，测试期望的结果也是完全可以预料的，将回归测试自动运行，可以极大提高测试效率，缩短回归测试时间。对于产品型的软件，每发布一个新的版本，其中大部分功能和界面都和上一个版本相似或完全相同，这部分功能特别适合于自动化测试， 从而可以达到测试每个特征的目的。

（5）测试的一致性和复用性

由于自动测试通常采用脚本技术，这样就有可能只需要做少量的甚至不做修改，以实现在不同的测试过程中使用相同的用例，可以运行更多更烦琐的测试。自动化的一个明显的好处是可以在较少的时间内运行更多的测试。由于每次自动化测试运行的脚本是相同的，所以每次执行的测试具有一致性，很容易发现被测软件的任何改变，这一点人工是很难做到的。

总之，自动化测试的好处和收益是很明显的，但也只有顺利实施了自动化测试才能从中获得益处。

6.1.3 软件测试工具分类

软件测试工具的种类不少，有些以用途来分类，有些以价位来分类，有些则以使用特性来分类。基本上，分类只是一种归纳的方式，这里按照测试工具的主要用途和应用领域将测试软件做了一个整理归纳，将自动化测试工具分为以下几类。

（1）GUI 自动化用途

目前许多以测试用软件为主要产品的软件公司，大多提供这类的自动化测试软件。这类软件除了提供在窗口界面中使用外，也有不少是针对浏览器接口开发的自动化测试工具。

（2）软件产品功能、性能测试用途

这类测试工具通过自动录制、检测和回放用户的应用操作，将被测系统的输出记录同预先给定的标准结果进行比较。

① 功能测试工具。

实现功能测试脚本的编写、执行、管理。如 QuickTest Professional(QTP)、Logiscope、Quantify 等。

② 性能测试工具。

实现性能测试脚本的编写，性能测试场景的设计，执行性能测试场景、案例，分析性能测试监控数据。如 IBM Rational Performance Tester、Mercury LoadRunner、JMeter 、Webload 等。

其中，JMeter 是 Apache 组织的开放源代码项目，100%用 Java 实现。Webload 是 RadView 公司推出的一个性能测试和分析工具,可实现自动化执行压力测试；Webload 通过模拟真实用户的操作,生成压力负载来测试 Web 的性能。

（3）测试管理工具

主要实现需求跟踪，测试流程管理，测试案例设计、编写、管理、执行，缺陷管理等。如 IBM TestManager 、Mercury Quality Center (QC)、TestDirector 等。

（4）测试辅助工具

这些工具本身并不执行测试。

- 采集和生成测试数据，如 NI LabVIEW 可以对设备进行数据采集与输入，在嵌入式系统测试方面有很大的作用。
- 性能监控，实现 Oracle 数据库监测诊断，收集数据库活动状况和应用的运行情况。如 Statspack 、Performance Analysis 、Spotlight 等。
- 安全测试，如 IBM Rational AppScan，HP WebInspect 等。
- 实现自动化测试脚本的编写、执行、管理。如 IBM Rational Functional Tester、Mercury QuickTest Pro (QTP) 、Webload 等。

（5）代码分析工具

如 Parasoft C++ Test、Rational Purify、Klocwork 等。

6.1.4 几种常用的软件测试工具

（1）QACenter

QACenter 帮助所有的测试人员创建一个快速、可重用的测试过程。这些测试工具自动帮助管理测试过程，快速分析和调试程序，包括针对回归、强度、单元、并发、集成、移植、容量和负载等内容。建立测试用例，自动执行测试和产生文档结果。

（2）WinRunner

Winrunner 最主要的功能是自动重复执行某一固定的测试过程，它以脚本的形式记录下手工测试的一系列操作，在环境相同的情况下重放，检查其在相同的环境中有无异常的现象或与实际结果不符的地方。Winrunner 可以减少由于人为因素造成结果错误，同时也可以节省测试人员大量测试时间和精力来做别的事情。功能模块主要包括：GUI map、检查点、TSL 脚本编程、批量测试、数据驱动等几部分。

（3）LoadRunner

LoadRunner 是一种预测系统行为和性能的工业标准级负载测试工具。通过以模拟上千万用户实施并发负载及实时性能监测的方式来确认和查找问题，LoadRunner 能够对整个企业架构进行测试。通过使用 LoadRunner，企业能最大限度地缩短测试时间、优化性能和加速应用系统的发布周期。LoadRunner 是一种适用于各种体系架构的自动负载测试工具，它能预测系统行为并优化系统性能。LoadRunner 的测试对象是整个企业的系统，它通过模拟实际用户的操作行为和实行实时性能监测，来帮助用户更快地查找和发现问题。此外，还能支持广范的协议和技术，为特殊环境提供特殊的解决方案。

（4）Visual Test

Visual Test 是 GUI 接口自动化测试工具，使用它并不困难，而且熟悉 Microsoft Visual Studio 的使用者会发现它与 Visual Studio 的使用界面几乎相同。它使用类似 Visual Basic 的语言，编程进行起来简单直接，同时它也具备使用指针处理复杂数据结构的高级功能，使得用 Visual Test 更容易调用 Windows API。

（5）Parasoft C++ Test

Parasoft C++ Test 是经广泛实践证明的自动化集成解决方案，它能有效提高软件开发团队工作效率和软件质量。C++test 支持编码策略增强（Coding Policy Enforcement）、静态分析、全面代码走查、异常错误检查（Runtime Error Detection）、单元与组件的测试，可以为用户提供一个实用的方法来确保其 C/C++ 代码按预期运行。C++Test 能够在桌面的 IDE 环境或命令行的批处理下进行回归测试。C++test 和 Parasoft GRS 报告系统相集成，为用户提供基于 Web，可交互并具有向下钻取能力的报表以供开发团队查询，允许团队基于其测试结果及一些关键的过程数据进行项目状态跟踪并监控项目趋势。

（6）Crucible

Crucible 是一个用于开发团队的代码审查工具，有了 Crucible，团队成员可以检查、注释、编辑代码，并记录结果。当发现一个潜在的代码问题，你可以挑选出这条代码行并做注释。使用 Crucible 有规律的作代码检查，可以帮助开发人员发现和纠正缺陷，提高代码开发的效率。

（7）JIRA

JIRA 是集项目计划、任务分配、需求管理、缺陷管理于一体的商业软件。JIRA 可作为一个产品缺陷的记录及跟踪工具，它能够为你建立一个完善的 Bug 跟踪体系，包括报告 Bug、查询 Bug 记录并产生报表。并具有如下特点：

● 基于 Web 方式，安装简单、运行方便快捷、管理安全；

● 有利于缺陷的清楚表达；

● 系统灵活，具有强大的可配置能力；

● 自动发送 E-mail，通知相关人员。

6.2 LoadRunner 的应用

6.2.1 应知应会

1. LoadRunner 的安装

LoadRunner 分为 Windows 版本和 UNIX 版本。我们需要根据测试环境所基于的平台来选择安装版本。

本章讲解的安装过程是 LoadRunner11.00 的 Windows 版本的安装。在安装前，我们首先应知道 LoadRunner 包含以下组件。

● Virtual User Generator（VuGen）：通过录制典型最终用户在应用程序上执行的操作来生成虚拟用户（Vuser）。然后 VuGen 将这些操作录制到自动化 Vuser 脚本中，将其作为负载测试的基础。

● Controller：用来设计、管理和监控负载测试的中央控制台。使用 Controller 可运行模拟真实用户操作的脚本，并通过让多个 Vuser 同时执行这些操作，从而在系统上施加负载。

● Load Generator：通过运行 Vuser 产生负载。

● Analysis：提供包含深入性能分析信息的图和报告。使用这些图和报告可以找出并确定应用程序的瓶颈，同时确定需要对系统进行哪些改进以提高其性能。

- Launcher：使用者可以从单个访问点访问所有 LoadRunner 组件。

下面我们就开始 LoadRunner11.00 的安装过程介绍。

（1）系统要求

① Controller、VuGen 和 Analysis 的 Windows 系统需求。

表 6-1 列出在 Windows 平台下安装 Controller、VuGen 和 Analysis 的系统需求。

表 6-1　在 Windows 平台下安装 Controller、VuGen 和 Analysis 的系统需求

处理器（CPU）	CPU 类型：Intel Core, Pentium, Xeon, AMD or compatible(英特尔酷睿、奔腾、至强、独龙或其他可兼容的) 速度：最小 1GHz。推荐 2GHz 或以上 奔腾处理器注意事项：不支持英特尔超线程技术。超线程可以在 BIOS 中关闭
操作系统（OS）	支持以下的 Windows 操作系统： ①Windows Vista SP2 32-Bit ②Windows XP Professional SP3 32-Bit ③Windows Server 2003 StandardEdition/Enterprise Edition SP2 32-Bit ④Windows Server 2008 Standard Edition/Enterprise Edition SP2 32-Bit and 64-Bit ⑤Windows 7 注意：VuGen 不支持 64 位操作系统
内存（RAM）	最小需求：2GB 推荐：4GB 或者更高
屏幕分辨率	最小：1024 × 768
浏览器	①Microsoft Internet Explorer 6.0 SP1 or SP2 ②Microsoft Internet Explorer 7.0 ③Microsoft Internet Explorer 8.0
硬盘可使用空间	最小需求：2GB

② Load Generator 的 Windows 系统需求

表 6-2 列出在 Windows 平台下安装 Load Generator 的系统需求。

表 6-2　　　　　　　Windows 平台下安装 Load Generator 的系统需求

处理器（CPU）	CPU 类型：Intel Core, Pentium, Xeon, AMD or Compatible(英特尔酷睿、奔腾、至强、独龙或其他可兼容的) 速度：最小 1GHz。推荐 2GHz 或以上 奔腾处理器注意事项：不支持英特尔超线程技术。超线程可以在 BIOS 中关闭

操作系统（OS）	支持以下的 Windows 操作系统： ①Windows Vista SP2 32-Bit ②Windows XP Professional SP3 32-Bit ③Windows Server 2003 StandardEdition/Enterprise Edition SP2 32-Bit ④Windows Server 2008 Standard Edition/Enterprise Edition SP2 32-Bit and 64-Bit ⑤Windows 7
内存（RAM）	最小需求：1GB 注意：内存依赖于协议类型和测试系统，变化较大
浏览器	①Microsoft Internet Explorer 6.0 SP1 or SP2 ②Microsoft Internet Explorer 7.0 ③Microsoft Internet Explorer 8.0
硬盘可使用空间	最小需求：2GB

（2）产品兼容性

LoadRunner 11.00 和以下 HP 产品兼容：

- HP Quality Center version 10.00；
- HP Application Lifecycle Management version 11.00；
- HP QuickTest Professional versions 10.00 and 11.00；
- HP Diagnostics versions 8.04 and 9.00 (Note: To use Diagnostics 8.x with LoadRunner 11.00, the Diagnostics 9.00 LoadRunner Add-in must be installed. For more details, see the HP Diagnostics documentation)；
- HP SiteScope versions 10.12 and 11.00。

（3）预安装软件需求

安装 LoadRunner 之前，需要安装一些必需的软件。当运行 LoadRunner 安装向导时，安装程序会自动检测系统所安装组件情况，对没有安装的必需组件，安装程序会提供安装选项。

下面列出的就是必需预先安装的软件：

- .NET Framework 3.5 SP1；
- Microsoft Data Access Components(MDAC) 2.8 SP1(or later)；
- Microsoft Windows Installer 3.1；
- Microsoft Core XML Services(MSXML)6.0；
- Microsoft Visual C++ 2005 SP1 Redistributable Package (x86)；
- Microsoft Visual C++ 2008 Redistributable Package (x86)；
- Web Services Enhancements(WSE) 2.0 SP3 for Microsoft .NET Redistributable Runtime MSI；
- Web Services Enhancements(WSE) 3.0 for Microsoft .NET Redistributable Runtime MSI；
- Strawberry Perl 5.10.1。

（4）预安装配置

在开始安装前，要确保下列配置信息的正确性。

● 运行 LoadRunner 前，需要对目标机器有完全的管理员权限。

● 如果已安装过 LoadRunner 8.1 SP4 或更早版本，在安装新版前请卸载旧版本。

● 不能使用 UNC（通用命名规则）路径运行安装程序。因此，如果 LoadRunner 安装目录在网络驱动器上，在运行安装包前需要对网络驱动器做映射。

● LoadRunner 不支持通过终端服务进行安装。因此，安装包只能执行本地安装，不能进行远程安装。

● 如果机器上已有 HP Performance Center 或者单独安装过 Analysis、VuGen、Service Test，则无法安装 LoadRunner。

● 如果 LoadRunner 需要被安装在非英文的 Windows 环境下，且机器没有 Internet 连接，那么.NET Framework 3.5 SP1 必须被预先安装。

● 如果安装机器上正在运行杀毒软件 McAfee 或者 Aladdin's eSafe，在安装前请关闭杀毒软件。

● 如果需要安装在安装过 HASP 插件的 Windows 2003 系统上，需要先下载 Aladdin 的最新版本的 HASP 驱动。

（5）安装过程

① 运行安装盘根目录下的 setup.exe 文件。

LoadRunner 安装程序被启动，如图 6-1 所示安装主菜单被弹出。

图 6-1 LoadRunner 安装主菜单

② 选择所需的安装选项。

从安装菜单对话框中选择下面列出的一项进行安装。

● LoadRunner 完整安装程序。安装 LoadRunner 通用的功能组件，其中包括 Controller、VuGen（虚拟用户生成器）、Analysis 以及 Load Generator。该选项适用于控制 Vuser 的机器。

● Load Generator。只安装运行 Vusers 产生负载的组件。该选项适合于只产生负载，而不控制 Vuser 的机器。

- Monitor Over Firewall。安装在代理机上可以透过防火墙来监控性能的组件。
- MI Listener。安装 MI Listener 组件， 用来透过防火墙来运行 Vuser 并且监视性能。
- 用于服务测试的许可证服务器安装程序。
- 附加组件。

一般选择第一项"LoadRunner 完整安装程序"进行安装。

③ 安装组件。

如前所述，安装程序会自动检测系统所安装组件情况。如确是必要组件，安装程序会提示安装。如图 6-2 所示，我们只需单击"确定"按钮即可。等待一段时间，安装程序将必要组件安装完毕后，欢迎界面将会弹出。当然，某些安装程序可能需要您重新启动计算机，如果重新启动计算机，请重新运行 LoadRunner 安装程序以继续。

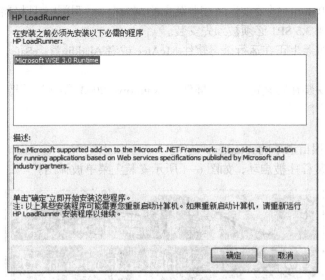

图 6-2　LoadRunner 安装组件

④ 安装欢迎界面。

组件安装完成后进入 LoadRunner 主程序的安装界面，如图 6-3 所示，单击"下一步"按钮。

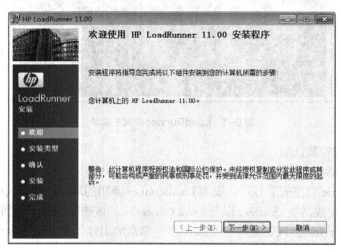

图 6-3　LoadRunner 欢迎界面

⑤ 许可协议。

仔细阅读许可协议，选择"我同意"并单击"下一步"按钮继续安装，如图 6-4 所示。

图 6-4　LoadRunner 许可协议界面

⑥ 客户信息。

输入个人信息，单击"下一步"按钮继续安装，如图 6-5 所示。

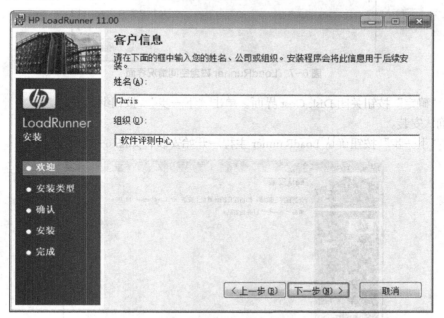

图 6-5　LoadRunner 个人信息界面

⑦ 安装路径。

接受默认路径或者通过"浏览"选择安装路径，如图 6-6 所示。

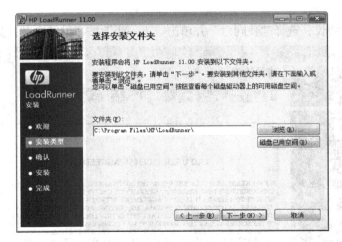

图 6-6　LoadRunner 选择安装路径界面

可以通过单击"磁盘已用空间"来查看本地磁盘有效空间情况，如图 6-7 所示。

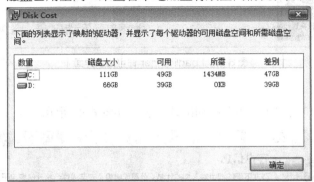

图 6-7　LoadRunner 磁盘空间情况界面

单击"确定"按钮关闭 Disk Cost 界面。单击"下一步"按钮继续安装。
⑧ 确认安装。
单击"下一步"按钮确认 LoadRunner 主程序开始安装，如图 6-8 所示。

图 6-8　LoadRunner 确认安装界面

⑨ 安装及完成。

耐心等待安装过程，如图 6-9 所示。当安装完成后，安装程序会提示"已成功安装 HP LoadRunner11.00"，如图 6-10 所示，单击"完成"按钮退出。

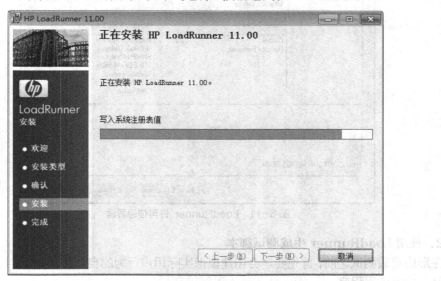

图 6-9　LoadRunner 正在安装界面

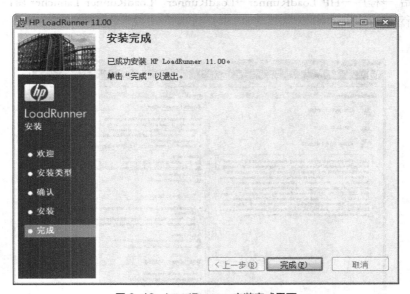

图 6-10　LoadRunner 安装完成界面

如需要可以选择安装语言包，这里就不详细介绍。

（6）许可信息

在 LoadRunner 许可信息的对话框中，可以看到安装许可信息。在安装过程中如果 LoadRunner 没有检测到有效的许可证，将会自动临时生成一个 10 天 25Vusers 的许可。单击"New License"按钮加入所申请的正式许可，如图 6-11 所示。

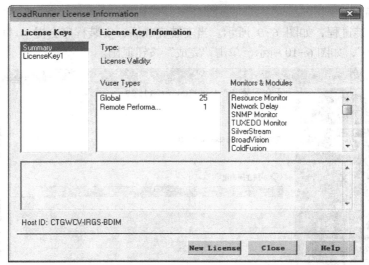

图 6-11　LoadRunner 许可信息界面

2. 使用 LoadRunner 生成测试脚本

在形成负载测试之前，首先要学会创建模拟实际用户行为的自动测试脚本，具体步骤如下。

（1）启动应用程序

选择开始 →程序→HP LoadRunner→LoadRunner。LoadRunner Launcher 窗口将被打开，如图 6-12 所示。

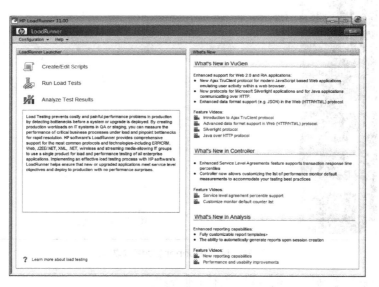

图 6-12　LoadRunnerLauncher 界面

（2）打开 VuGen

在 LoadRunner Laucher 窗口中，单击 "Create/Edit Scripts"。这时将打开 VuGen 起始页。

（3）创建一个空白 Web 脚本

在 "Welcome to the Virtual User Generator" 区域中，单击 "New Script" 按钮。这时将打开 "New Virtual User" 对话框，显示 "New Single Protocol Script" 选项，如图 6-13 所示。

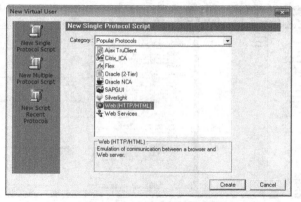

图 6-13 LoadRunner 新建单协议脚本界面

协议是客户端用来与系统后端进行通信的语言。HP Web Tours 是一个基于 Web 的应用程序，因此你将创建一个 Web Vuser 脚本。VuGen 将列出适用于单协议脚本的所有可用协议。向下滚动列表，选择 Web（HTTP/HTML）并单击"Create"按钮，创建一个空白 Web 脚本。

（4）使用 VuGen 向导模式

空白脚本以 VuGen 的向导模式打开，同时左侧显示任务窗格，如图 6-14 所示。如果没有显示任务窗格，请单击工具栏上的任务按钮。如果"开始录制"对话框自动打开，请单击"取消"。VuGen 的向导将指导你逐步完成创建脚本并使其适应测试环境的过程。任务窗格列出脚本创建过程中的各个步骤或任务。在执行各个步骤的过程中，VuGen 将在窗口中间的主要区域显示详细说明和指示信息。

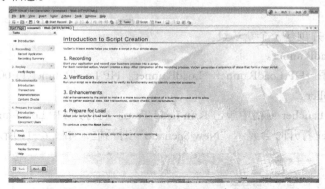

图 6-14 LoadRunner VuGen 向导界面

可以自定义 VuGen 窗口来显示或隐藏各个工具栏。要显示或隐藏工具栏，在 View→Toolbars 中勾选/不勾选目标工具栏旁边的复选标记。通过打开"Task"窗口并单击其中一个任务步骤，可以随时返回到 VuGen。

（5）录制业务流程来创建脚本

在创建了一个空的 Web 脚本之后，我们可以将用户操作直接录制到脚本中。

（6）查看脚本

可以在 Tree 视图或者 Script 视图中查看脚本。Tree 视图中，我们可以看到以脚本步骤的形式显示的用户操作。脚本步骤都附带相应的录制快照。单击测试树中任意步骤旁边的加号（＋），在某些步骤中我们可以看到"Think Time"，如图 6-15 所示。它表示用户在各步骤之间等待的实际时间，这种机制可以让负载测试更加准确地反映实际用户操作。

图 6-15　LoadRunner 脚本视图界面

3．软件测试场景

负载测试通过测试系统在资源超负荷情况下的表现，以发现设计上的错误或验证系统的负载能力。例如，当某购物网发起某件商品的促销活动时，多名客户同时对同一件商品发起购买行为的情况。

我们需要设计测试来模拟真实情况。因此，需要能够在测试系统上生成较重负载，并安排向系统施加负载的时间，还需要模拟不同类型的用户活动和行为。我们可以在场景中创建并保存这些设置。

在前面一节的基础上，我们可以运用 Controller 所提供的用于创建和运行测试的工具来准确模拟工作环境。

（1）创建场景

打开 Controller 并创建一个新场景。

① 打开 HP LoadRunner。

选择开始→程序→HP LoadRunner→LoadRunner。HP LoadRunner 11.00 窗口将被打开。

② 打开 Controller。

在 LoadRunner Lancher 窗格中单击 Run Load Tests。将打开 HP LoadRunner Controller。默认情况下，Controller 打开时会显示"New Scenario"对话框，如图 6-16 所示。

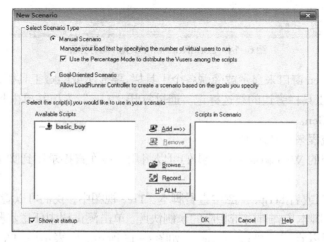

图 6-16　LoadRunner 创建场景界面

③ 选择场景类型。

有以下两种场景类型供选择。

● Manual Scenario：手工创建并控制 Vuser 数目及其运行时间，指定测试脚本并可以测试出系统能够同时运行的 Vuser 数目。可以使用百分比模式，根据指定的百分比在脚本间分配所有的 Vuser。

● Goal-Oriented Scenario：通过这个场景可以定义系统要达到的特定目标，LoadRunner 会根据这些目标自动创建场景来确认系统是否可以达到。例如，事务响应时间。

我们在这里介绍 Manual Scenario。

④ 向负载测试添加脚本。

如图 6-19 所示，在左侧的窗格"Available Scripts"中，我们保存在 LoadRunner 脚本目录下的脚本被显示出来，如需将该脚本添加到压力测试场景中，请选择脚本，单击 "Add"按钮，该脚本则会同时显示在"Available Scripts"窗格和"Scripts in Scenario"窗格中。如果需要运行其他脚本，则单击"Browse"按钮，找到并选择需要的测试脚本，此脚本可直接在"Available Scripts"窗格和"Scripts in Scenario"窗格中显示。

选择好测试脚本，单击"OK"按钮，LoadRunner Controller 将在"Design"选项卡中打开测试场景。

（2）场景设计

Controller 窗口的 Design 选项卡分为以下 3 个主要部分，如图 6-17 所示。

● Scenario Scripts：场景脚本组。

● Service Level Agreement：服务水平协议。

● Scenario Schedule：场景计划。

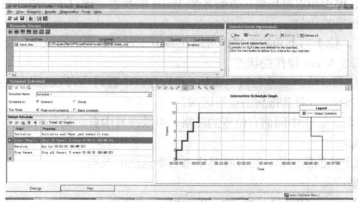

图 6-17 LoadRunner 场景设计界面

① 场景脚本组。在"场景脚本组"中配置 Vuser 组。可以创建代表系统中典型用户的不同组，指定运行的 Vuser 数目以及配置生成负载的计算机。

② 服务水平协议。设计负载测试场景时，可以为性能指标定义目标值或服务水平协议（SLA）。

③ 场景计划。设置加压方式以准确模拟真实用户行为。可以根据运行 Vuser 的计算机、将负载施加到应用程序的频率、负载测试持续时间以及负载停止方式来定义操作。

（3）运行场景

在"Run"选项卡中单击"Start Scenario"按钮，开始场景压力测试。

Controller 窗口中的"Run"选项卡用来管理和监控测试情况的控制中心。"Run"视图包含以下 5 个主要部分，如图 6-18 所示。

- Scenario Groups：场景组。
- Scenario Status：场景状态。
- Available Graphs：可用图树。
- 图查看区域。
- 图例。

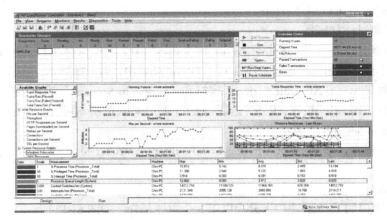

图 6-18　LoadRunner 场景运行界面

① 场景组。位于左上角的窗格，可以在其中查看场景组内 Vuser 的状态。使用该窗格右侧的按钮可以启动、停止和重置场景，查看各个 Vuser 的状态，通过手动添加更多 Vuser 增加场景运行期间应用程序的负载。

② 场景状态。位于右上角的窗格，可以在其中查看负载测试的概要信息，包括正在运行的 Vuser 数量和每个 Vuser 操作的状态。

③ 可用图树。位于中间偏左位置的窗格，可以在其中看到一列 LoadRunner 图。要打开图，则在树中选择一个图，并将其拖到图查看区域。

④ 图查看区域。位于中间偏右位置的窗格，可以在其中自定义显示画面，查看 1~8 个图（View→View Graphs）。

⑤ 图例。位于底部的窗格，可以在其中查看所选图的数据。

（4）分析结果

在工具栏"Results"中选择"Analyze Results"，或者在"Controller"场景运行界面中直接选择"Analyze Results"。HP LoadRunner Analysis 将被打开，运行结果报告将在 Analysis 中显示。

4．LoadRunner 生成结果报告

在压力测试结束后，我们将对测试结果进行分析。

（1）启动 Analysis 会话

① 在 Controller 中，在菜单中选择 Tools→Analysis，或者选择开始→程序→HP LoadRunner→应用程序→Analysis 来打开 Analysis。

② 在 Analysis 窗口中选择 File→Open。这时将打开"Open Existing Analysis Session File"对话框。

③ 在<LoadRunner 安装位置>\Tutorial 文件夹中，选择"analysis_session"并单击打开。

Analysis 将在 Analysis 窗口中打开场景运行结果报告。

（2）生成 HTML 报告

在 Analysis 中单击"Create HTML Report"按钮或者在工具栏的 Report 中选择 HTML Report，一份 HTML 报告将会生成并在浏览器中自动打开。

（3）分析报告

生成的报告中由以下 6 部分组成。

- Summary Report：场景的总体统计信息。
- Running Vusers：运行的虚拟用户。
- Hits per Second：每秒单击数。
- Throughput：吞吐量。
- Transaction Summary：事务摘要。
- Average Transaction Response Time：平均事务响应时间。

在统计信息概要表部分，可以看到场景测试运行过程中运行的 Vuser 的最大数量。另外，对总吞吐量、平均吞吐量、总单击数、平均单击数都予以总结。

事务摘要表列出每个事务的概要情况。

在各个子报告界面（见图 6-19），可以对报告结果进行筛选，图形自动关联。通过右击各个图形子的报告便可以进行上述操作。

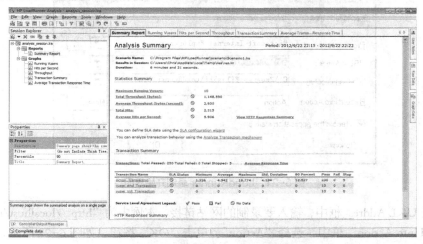

图 6-19　LoadRunner 结果报告界面

6.2.2　学习案例

网上商城在网站上开展鞋类产品促销活动。

本节目标：模拟 100 位客户同时登录、选择商品、购买商品、查看订单并退出。

1．按照下面操作进行脚本录制

（1）在网上商城网站上开始录制。

- 在任务"Task"窗格中，单击步骤 1"Recording"中的"Record Application"。
- 在说明窗格底部，单击"Start Recording"，如图 6-20 所示。

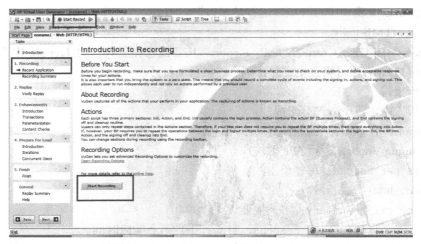

图 6-20 LoadRunner VuGen 向导界面

也可以选择 Vuser→Start Recording 或者单击页面顶部工具栏中的"Start Record"按钮。"Start Recording"对话框被打开，如图 6-21 所示。

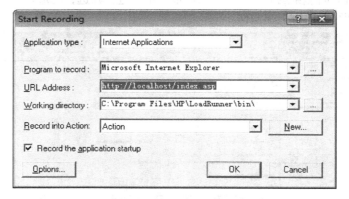

图 6-21 LoadRunner 录制开始界面

● 在 URL Address 框中，输入要录制的网站链接，本例中为"http://localhost/index.asp"。在"Record into Action"框中，选择"Action"。单击"OK"按钮。如图 6-22 所示，这时将打开一个新的 Web 浏览窗口并显示"网上商城"网站，浮动的 Recording 工具栏也被打开。

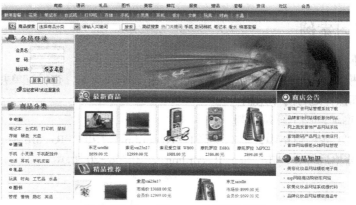

图 6-22 LoadRunner 录制脚本界面

注：①如果打开网站时出错，则检查 Web 服务器是否正在运行；②当一台主机上安装多个浏览器时，LoadRunner 录制脚本会经常遇到不能打开浏览器的情形，这时需启动 IE，进入"Internet"选项，切换到"高级"，去掉"启用第三方浏览器扩展"的勾选，然后再次运行 VuGen 即可。通常安装 Firfox 等浏览器后，都会勾选这个选项，导致不能正常录制。因此建议 LoadRunner 的相关主机上保持一个干净的测试环境。

（2）登录

输入用户名、密码，单击"登录"按钮登录到网站。

（3）挑选要购买的商品

● 商品分类→服装鞋帽下选择运动鞋。

● 选择骆驼品牌。

● 在筛选的结果中选择"男式运动鞋 猫爪野外跑鞋 2RMB313-1"商品，浏览商品信息。

● 将商品加入购物车。

（4）结算

● 在购物车中，选好要结算的商品单击"现在结算"按钮，进入结算界面。

● 填好付款信息单击提交按钮。

（5）查看订单信息

单击用户信息中的"订单管理"，选择需要查看的订单进入查看订单状态。

（6）单击左窗格中的退出按钮，从网站中注销。

（7）在浮动工具栏上单击 Stop 以停止录制。

Vuser 脚本生成时会打开代码生成弹出窗口，然后 VuGen 向导会自动执行任务窗格中的下一步，并显示关于录制情况的概要信息。其中包含协议信息以及会话期间创建的一系列操作。VuGen 为录制期间执行的每个步骤生成一个快照，即录制期间各窗口的图片。这些录制的快照以缩略图的形式显示在右窗格中。如果想要重新录制脚本，可单击页面底部的 Record Again。

（8）选择 File→Save 或单击"Save"按钮，通过浏览选择<LoadRunner 安装位置>\Scripts 并创建名为"仿京东网站"的新文件夹。在文件名框中输入"basic_order"并单击保存。VuGen 将该文件保存到 LoadRunner 脚本文件夹中，并在标题栏中显示脚本名称。

2．设计模拟场景

先前在 VuGen 中录制的脚本包含要测试的业务流程。其中包含登录、选择商品、浏览商品信息、加入购物车、结算、查看订单状态以及退出。我们将向场景中添加这些脚本，配置场景，模拟 10 位客户同时在购物系统中执行这些操作。

（1）单击"Run Load Tests"按钮来打开 Controller。

（2）选择"Manual Scenario"。

（3）添加录制好的脚本。

（4）在设计窗口中配置场景组、虚拟用户数、负载计算机、场景计划、服务水平协议等参数。

3．运行场景

（1）在运行窗口中选择开始场景。

（2）管理并监控负载测试。

4．分析结果

（1）在运行结束后，在"Controller"中选择"Analyze Results"。

（2）在 Analysis 中生成 HTML 报告，并分析报告。根据需要在 Analysis 中对结果报告进行数据图形筛选与关联等。

6.2.3　拓展任务

使用 LoadRunner 对网站登录功能进行压力测试。

习题与思考

1. 铁道部火车订票系统 12306 曾经由于用户访问量过大而遭遇网站崩溃，请思考，如何根据本章所介绍的内容来发现致使网站崩溃的问题，并根据分析结果提供提高网站性能的解决方案。

2. 对于一综合媒体应用平台，如何设计软件自动化测试用例，选取适用的测试工具并设计合理的测试场景，以保证平台功能点覆盖率及系统能够稳定承载。假定平台功能如下：各类演出票查看与预订、机票预订、娱乐新闻资讯、视频点播、会员中心、用户管理、订单管理、资讯管理、演出管理、场馆管理、视频管理、用户定制。

本章小结

本章从软件自动化测试基础理念出发，介绍了什么是软件自动化测试、自动化测试适用于什么样的场景、不同的测试场景需要应用何种自动化测试手段。阐述了与软件自动化测试相关的一些基本概念的定义，介绍了一些软件自动化测试过程中涉及的辅助自动化测试工具，并从中重点选出常用的自动化测试工具之一压力测试工具 LoadRunner 进行详细的功能介绍，并进行案例剖析。从录制脚本、设计测试场景、实施测试，到分析运行结果，使读者熟悉自动化测试工具是如何设计并辅助测试的。通过本章的阅读，读者应重点了解如何设计软件自动化测试并选择适用的工具来辅助测试，以提高测试效率。